Bloß weg –

Ihr zweites Standbein im Ausland

Wie Sie Krisen, Frust und Steuern entkommen

Zum Buch:

Frust bei der Arbeit, steigende Steuern, und die Bedrohung durch Krisen senken zunehmend die Lebensqualität. Dabei ist zu erwarten, daß sich die Situation in den nächsten Jahren noch weiter verschärfen wird. Durch ein zweites Standbein im Ausland gewinnen Sie demgegenüber Freiheit und Unabhängigkeit. Um dieses Projekt zu verwirklichen ist es notwendig, sich sowohl mit den Vor- und Nachteilen als auch den Anforderungen an ein Auslandsdomizil zu beschäftigen. Checklisten und ausführliche Informationen in diesem Buch erleichtern den Schritt zum neuen Domizil.

Günter Hannich

Bloß weg - Ihr zweites Standbein im Ausland

Wie Sie Krisen, Frust und Steuern entkommen

2. Auflage 2004

ISBN 3-9808522-2-9

Grafikbearbeitung Buchinhalt: Hannich
Bilder im Buch: G. Hannich
Bilder Buchcover:
Sebastian Bolesch/Das Fotoarchiv.(brennendes Auto)
Marjon B. http://community.webshots.com/user/marjonnabar
(Haus auf Bananenplantage)

Buchverlag G. Hannich
Internet: http://www.geldcrash.de
Email: info@geldcrash.de
Fax 02561-959-500850

"Die Probleme werden dadurch am besten gelöst, dass man sie erkennt, bevor sie Probleme werden."
Joachim Zahn

Vorwort

Die Entscheidung zum Auswandern ist immer eine sehr individuelle. Den einen locken bessere Klimabedingungen in einem fernen Land, der andere will nur vor den Unterhaltsforderungen seiner geschiedenen Ehefrau Reißaus nehmen. Dazu kommen jedoch auch eine Reihe von "objektiven" Gründen, die ein zweites Standbein im Ausland nahelegen.
Sich verschlechternde Lebensbedingungen und Entwicklungsmöglichkeiten sind dabei die Hauptargumente. Dahinter verbergen sich für viele schlechtere Arbeitsmarktchancen in Mitteleuropa, bei einer gleichzeitig steigenden Erwerbslosenzahl, sowie immer noch zunehmende Steuer- und Abgabenbelastungen.
Der Druck am Arbeitsplatz ist dabei immer deutlicher als "Peitsche" zu spüren ist. Dazu kommt außerdem ein wachsender Frust über die oftmals sinnlose Tätigkeit, zu der man gezwungen wird. Unter diesen Gesichtspunkten verliert Deutschland ständig an Lebensqualität. So ergab eine Untersuchung der UNO, daß Deutschland nur noch an 17. Stelle bei den Lebensbedingungen weltweit steht.[1]
Hinzu verstärkt sich in neuer Zeit auch die Gefahr, daß die uns in der Vergangenheit vorgegaukelte "Sicherheit" sich schnell in ihr Gegenteil verwandeln könnte, nämlich in Unfreiheit und Abhängigkeit. Dies wird umso wahrscheinlicher, als vor allem die Industriestaaten zunehmend in Terroranschläge und Kriege verwickelt werden. Schein-Sicherheit bedeutet darüberhinaus meist auch einen Verlust der persönlichen Freiheit. Seitdem durch den Terroranschlag von New York am 11. September 2001 deutlich wurde, daß unsere Zivilisationswelt auf einem doch recht brüchigen Fundament ruht, ist die Frage nach einem sicheren Platz auf der Welt dringender denn je.
Nahezu alle Reichen und Superreichen der Welt haben inzwischen, unbemerkt von der Öffentlichkeit, schon ein zweites Standbein in scheinbar und tatsächlich sicheren Staaten aufge-

baut. In diesen Kreisen glauben viele schon lange nicht mehr an eine Aufwärtsentwicklung in Mitteleuropa, geschweige denn an so etwas wie Stabilität und Sicherheit. Es scheint beinahe so, als ob man die Bevölkerung absichtlich in trügerischer Sicherheit wiegen möchte - vielleicht, um sein sicheres Plätzchen für sich allein haben zu können.
Wer die Geschichte studiert, kommt fast unweigerlich zu dem Schluß, daß die vielen Ungleichgewichte weltweit beinahe zwangsläufig im Zusammenbruch enden müssen. Dann werden die "reichen" Staaten mit ihrer hohen Bevölkerungsdichte und ihrer Abhängigkeit vom Ausland ungleich schwerer zu leiden haben als dünnbesiedelte, heute "arme" Nationen mit weitgehender Selbständigkeit.
Das Ziel vieler Auswanderer ist es dabei, einmal diesen Gefahren aus dem Weg zu gehen und zum zweiten einen Ort zu finden, an dem langfristig bessere Lebens- und Überlebenschancen gegeben sind als in Mitteleuropa. Dabei geht es oft gar nicht um das wirkliche "Auswandern", sondern darum, sich ein sinnvolles zweites Standbein im Ausland aufzubauen - für alle Fälle.
Wer jedoch bessere Bedingungen finden möchte, der muß aufpassen, daß er sprichwörtlich nicht vom "Regen in die Traufe" kommt. Um das zu vermeiden, sollten Sie sich darüber klar sein, welche Probleme Ihnen im Nacken sitzen, woher diese kommen, welche Ursachen und Entwicklungen sie haben. Erst dann können Sie daran gehen, einen Ort auf der Welt zu suchen, der von diesen Problemen weitgehend verschont sein könnte.

"Es ist nicht genug zu wissen, man muss es auch anwenden; es ist nicht genug zu wollen, man muss es auch tun."
Goethe

Zehn gute Gründe für ein zweites Standbein im Ausland

Mehr als jeder zweite Deutsche kann sich inzwischen vorstellen, ins Ausland zu gehen, um dort zu arbeiten und fast drei Viertel der Befragten wäre bereit, beruflich noch einmal etwas völlig Neues anzufangen. Dazu kommt, daß etwa eine Millionen Deutsche den Kauf einer Immobilie im Ausland innerhalb der nächsten Jahre plant. Mehr als jeder zweite Deutsche unter 30 Jahren kann sich vorstellen, im Alter im Ausland zu leben. Deutlich wird damit die zunehmende Unattraktivität von Deutschland dokumentiert. Deshalb kehren auch immer mehr Deutsche ihrer Heimat den Rücken. Jährlich wandern im Schnitt über 100.000 Bundesbürger aus. Dabei ist diese Zahl des Statistischen Bundesamtes noch viel zu niedrig gegriffen, da sie nur diejenigen berücksichtigt, die sich definitiv in Deutschland abmelden. So wies eine interne Statistik des Statistischen Bundesamtes zwischen 600.000 und über 800.000 Auswanderern aus.

Man muß annehmen, daß jeder von ihnen gute Gründe hat, einen solch schwerwiegenden Entschluß zu fassen. Im folgenden Kapitel soll nun diesen objektiv bestimmbaren Gründen nachgegangen werden. Später soll dann kurz die Ursache dafür erläutert werden. Subjektive Gründe, wie das "schlechte" Wetter bei uns sollen einmal nicht betrachtet werden - obwohl beispielsweise das Klima bei der Auswahl eines idealen Auswanderungslandes wieder eine Rolle spielen wird.

Wenn heute von "Auswandern" die Rede ist, dann hört sich das für viele so an, als ob der Betreffende alle Brücken und Verbindungen in die deutsche Heimat niederreißen und nie mehr zurückkommen würde. Dieser Eindruck wird häufig noch von den Medien verstärkt, wenn von weltfremden "Aussteigern" die Rede ist, welche wie Robinson Crusoe auf ihrer Insel ein tristes Einsiedlerdasein leben. Kaum bekannt ist, daß die Realität ganz anders aussieht: Die meisten Auswanderer brechen ganz und gar nicht die Brücken zur Heimat ab, sondern schaffen sich zum Großteil viel mehr ein zweites Standbein im Ausland, sei es um mehr Geld zu verdienen, Steuern zu sparen oder für eine Krise vorzusorgen. Diese Leute sind in der Regel zwischen 25 und 55 Jahre alt, sehr gut ausgebildet und wissen, was sie tun[2] - also keinesfalls weltfremde Spinner, die mit der Zivilisation nicht mehr zurechtkommen. Der Autor kann diese Angaben durch seine Recherchen in mehreren Ländern und Kontinenten nur bestätigen. Allen diesen "Auswanderern" gemeinsam ist jedoch die Feststellung, daß es schon seit geraumer Zeit mit dem einstmals weltweit bewunderten Deutschland bergab geht. Für eine Besserung dieser Entwicklung gibt es, zweckoptimistischen Politikerreden entgegen, kaum Anzeichen. Später werden wir noch sehen, warum es beinahe sogar zwangsläufig gerade bei uns immer schlechter werden muß. Wenn also hier oft vom "Auswandern" die Rede ist, so handelt es sich vielmehr um die überlegte Schaffung eines zweiten Standbeines, das vielleicht nur einige Monate im Jahr benutzt wird - trotzdem jedoch überproportionale Vorteile und Sicherheiten bietet.

Ohnehin ist es selten ratsam, wirklich einhundert prozentig "auszuwandern", also alle Brücken in die alte Heimat abzubrechen. Viel intelligenter ist ein zweiter Wohnsitz im Ausland. Läuft in Mitteleuropa etwas schief, können Sie ganz ins Ausland wechseln, läuft dort nicht alles wie erwartet, können Sie jederzeit zurückkommen.

Bevor Sie jedoch an ein solch zweites Standbein im Ausland denken, sollten Sie sich darüber klar sein, was hier im Lande schief läuft. An erster Stelle ist hier die Lage am Arbeitsmarkt zu nennen. Hier sollten man sich darüber klar werden, wie die Situation am Arbeitsplatz heute häufig aussieht und vor allem, wie sich diese in Zukunft entwickeln wird.

"Der Mensch, jeder Mensch, erhebt sich nicht dann, wenn er von genügendem Schlaf ausreichend erquickt ist, und nicht zu frohem neuem Tage und fröhlichem Leben, sondern zu vorgeschriebener Stunde, um nach schnellem kurzen Frühstück eilig "uff Arbeit" zu gehen, an fremde Arbeitsstätte, zu einer nicht aus seinem eigenen Antrieb ihm erwachsenen, sondern von fremden Fronvögten ihm auferlegten, von vorgesetzten Aufsehern beobachteten und kontrollierten, von strafgewaltigen Arbeitgebern vorgeschriebenen freudlosen, keinem ihn interessierenden Zwecke dienenden, von Befehlshabern überwachten Zwangsarbeit. Und so geht es Tag für Tag, Woche für Woche, Monat für Monat, Jahr für Jahr, unabsehbare Zeiten, bis die Kindheit dahin, die Spannkraft der Jugend erschöpft und du rettungslos ein - "nützliches Mitglied der Gesellschaft" geworden bist und alsdann dazu gezwungen bist, ebenso im praktischen Leben Deine freudlose befohlene Arbeit weiter abzuleisten, - Deinem Vorgesetzten, Deinen Arbeitgebern oder Deinem Amt, Deiner Firma in deren Dienste du frohndest."

W. Borgius, "Die Schule - Ein Frevel an der Jugend", 1930

1. Die Arbeit als Zwang

Wie Umfragen zeigen, ist heute nur noch eine Minderheit mit ihrer Arbeit wirklich zufrieden. Ein Indiz dafür sind die steigenden Reisen der Deutschen, um wenigstens im Urlaub noch für kurze Zeit aus dem Berufstrott rauszukommen. Allein von 1985 bis 1995 haben sich die Reisen zu Fernzielen außerhalb Europas nahezu verdoppelt. Während 1993 noch 46 Prozent das Argument "raus aus dem Alltag" dafür nannten, waren es drei Jahre später schon 59 Prozent der Befragten. Deutlich wird dabei eine steigende Unzufriedenheit mit den Gegebenheiten, vor allem am Arbeitsplatz. Eine Untersuchung kam zu dem Schluß, dass sich 70 Prozent aller Arbeitnehmer nicht mit ihrer Tätigkeit identifizieren können. Sinnlos empfundene Tätigkeiten lassen oft beim besten Willen keine Erfolgserlebnisse beim Arbeitnehmer mehr aufkommen. Welchen Sinn soll denn auch beispielsweise ein Arbeiter am Fließband empfinden, der tagein, tagaus damit beschäftigt ist Schrauben anzudrehen - wie in dem berühmten Film von Charlie Chaplin "Moderne Zeiten"? Doch auch bei höherqualifizierten Beschäftigungen nimmt der Frust nicht etwa ab, sondern eher

noch zu. Zwar steigt hier die Bezahlung zu, doch tröstet das oftmals nur wenig über die als Sinnlosigkeit empfundene Tätigkeit hinweg. Welchen Sinn soll etwa ein Wissenschaftler in einem Forschungsinstitut darin sehen, "Projekte", ähnlich dem Fließbandarbeiter, zu bearbeiten, deren Unsinnigkeit schon jedem Schüler einsichtig sind? Inzwischen ist die Arbeit zu einer reinen Spezialisierung verkommen, bei der jeder von immer weniger immer mehr weiß und am Ende niemand mehr einen Überblick über das Ganze hat. Wer heute allerdings Karriere machen will, von dem wird erwartet, daß er nicht nach links und nicht nach rechts schaut, sondern den von anderen vorgegebenen Weg schnurstracks nach oben geht. Wer die Schmalspurbahn verläßt ist heute schnell uninteressant. Ähnlich erging es dem Autor, als er sich nach neunmonatiger selbständiger Tätigkeit wieder bei einem großen Konzern bewarb und ihm gesagt wurde, daß wer mehr als einige wenige Monate aus seiner bisherigen Tätigkeit draußen wäre, für den Arbeitsmarkt "abgeschrieben" sei. Da interessierte dann weder ein sehr guter Diplom-Abschluß mit Auszeichnungen, noch die zehnjährige Berufserfahrung. Dem Autor konnte es darüberhinaus nie einleuchten, warum andere über einen erheblichen Teil seiner Lebenszeit beliebig verfügen können, welche damit sogar zur Handelsware wurde.
Viele trösten sich heute damit, daß es "schon immer so gewesen sei" und "man eh nichts machen könne" – schließlich brauche man ja das Geld, um sich im teuren Deutschland den Mindest-Lebensstandard aus eigenem Haus (samt hohem Schuldenberg), großem Auto (verbunden mit hohen Kosten) und zwei Exklusiv-Urlauben (wieder mit Streß und Kosten) leisten zu können. Dazu kommen dann vielleicht noch obligatorische Skiwochenenden und Fitnesscenter-Aufenthalte, die mit der dazugehörigen ständig wechselnden Modetrends noch mehr Geld verschlingen. Die Werbung tut auch noch ihr übriges, um den Wunsch nach Freiheit auszuschlachten und zum Schein zu befriedigen. Langfristig jedoch können auch diese Luxusbefriedigungen meist nicht über die Sinnlosigkeit am Arbeitsplatz - der man einen Großteil seiner Lebenszeit opfert, hinwegtrösten. Im Gegenteil: Wie bei einer Droge werden immer mehr Ersatzbefriedigungen nötig, die wiederum immer

mehr Geld verschlingen, was die Abhängigkeit vom unbeliebten "Job" noch mehr verstärkt. Ähnlich verhält es sich bei denen, die ihr eigentliches Leben auf "später", auf das Rentenalter, verschieben. Meist ist dann im Alter der Großteil der Lebenskraft verbraucht und man ist oft nicht mehr imstande, noch etwas Sinnvolles fertig zu bringen. Was immer wieder vergessen wird, ist die Tatsache, daß am Ende des Lebens niemand etwas wird mitnehmen können, und daran ändert auch ein sehr hohes Einkommen nichts daran. Für ein zufriedenes Leben zählt letztlich auch nicht, wieviele Autos welcher Preisklasse man gehabt hat, sondern mehr, welche Erfahrungen Sie selbst gemacht haben.
Ganz schlimm sieht es durch die heutige Arbeitsform in den Familien aus: Wie eine LBS-Studie im Jahr 2002 ergab, versucht ein Großteil der Familienväter nach der Geburt des ersten Kindes, seine Arbeitsleistung zu steigern. Im Schnitt werde dann zehn Stunden mehr gearbeitet, bei Führungskräften noch wesentlich mehr. Die Väter wollten auf keinen Fall ihren Job verlieren und möglichst die Karriereleiter hinaufklettern, deshalb geraten sie unter einen enormen Druck. Bei den meisten scheitere dann die Beziehung. So gaben 90 Prozent der Befragten an, nicht mehr genügend Zeit füreinander zu haben, die Hälfte berichtete von Verstimmungen und Spannungen, Depressivitätswerte wie Unwohlsein und Niedergeschlagenheit erreichten bedenkliche Höhen.[3]
Auch diejenigen, welchen die Arbeit heute noch Spaß macht und die noch nicht unter dem Arbeitsdruck leiden, müssen sich fragen, wie es in Zukunft mit dem Erwerbsleben weitergehen wird. Wird es so bleiben wie heute, wird es besser oder schlechter?

Die Unternehmen unter Druck

Die Bedingungen bei der Arbeit hängen mittelbar oder unmittelbar mit der Entwicklung der Gesamtwirtschaft, bzw. der Unternehmen zusammen. Geht es den Betrieben gut, entwickeln sich Umsätze und Gewinne positiv, so wird dies auch automatisch zu einem besseren Arbeitsklima führen. Umgekehrt, wenn es den Firmen zunehmend schlechter geht, wenn der Wettbewerb schärfer wird, dann wird sich dieser Druck

auch auf die Arbeitnehmer auswirken. Um also zu klären, wie sich die Arbeitsbedingungen in Zukunft entwickeln werden, ist es ratsam, sich zunächst die Entwicklung im Durchschnitts-Unternehmenssektor anzusehen.
Ein guter Indikator dafür, wie es um die Firmen bestellt ist, zeigt sich in einer Zunahme der Insolvenzen: Gingen noch im Jahr 1991 hierzulande nur 8.800 Unternehmen bankrott, waren es im Jahr 2000 schon über 28.000. Für das Jahr 2001 wurde laut dem Creditreform-Verband schon eine weitere Zunahme auf nahezu 40.000 Pleiten erwartet.[4]
Als häufigster Grund für Unternehmensbankrotte werden unbezahlbare Schulden, also ein hoher Fremdkapitalanteil genannt. Die Zahlen hier lassen wenig Gutes erwarten: In der mittelständischen Industrie, welche den Großteil der Arbeitsplätze stellt, beträgt die Fremdkapitalquote im Schnitt schon 93 Prozent - bei Kleinunternehmen sogar 97 bis 99 Prozent.[5] Das bedeutet, daß die Betriebe zum Großteil nur durch Schulden finanziert sind und unter hohen Kapitalkosten zu leiden haben. Die Unternehmen kommen damit schon bei kleinen Umsatzrückgängen unter Druck und können ihre Schulden nicht mehr bedienen. Der Bund der Selbständigen (BdS) gab darüberhinaus bekannt, daß nur noch die Hälfte der Firmen überhaupt schwarze Zahlen schreibe. Nicht einmal jeder zweite Betrieb kann überhaupt noch langfristige Pläne entwerfen und 50 Prozent der Unternehmen fühlen sich durch Freihandel und schärferen Wettbewerb unter Druck gesetzt.[6] Dieser Druck wird sich selbstverständlich wieder auf das Betriebsklima und die Arbeitsbedingungen der Angestellten negativ auswirken. Nicht viel besser sieht es bei den Großkonzernen aus: Allein in den ersten neuen Monaten des Jahres 2001 blieben den größten Unternehmen gerade 2,6 Prozent des Umsatzes als Nettogewinn übrig, während es im Vorjahreszeitraum noch 4,6 Prozent gewesen waren.
Diese Zahlen sollen erst einmal genügen. Deutlich wird daran die Dramatik und Tendenz in der Wirtschaft deutlich. Damit einhergehend wird sich auch das Arbeitsklima für die Angestellten in Zukunft verschlechtern. Die Schuld trifft hier auch nicht den Unternehmer, sondern das Gesamtsystem, welches zu diesen Zuständen zwingt.

Weil der Druck auf die Betriebe immer stärker wird, sind diese dazu gezwungen zu "rationalisieren". Das bedeutet, daß Arbeitskräfte "freigesetzt" und die noch vorhandenen einem zunehmendem Konkurrenzdruck ausgesetzt werden. Mit der damit einhergehenden steigenden Arbeitslosigkeit nimmt die Angst im Betrieb zu, bald ebenfalls zu den Erwerbslosen zu gehören. Da dies der einzelne gerne vermeiden möchte, versucht er oft seine Kollegen auf die Entlassungsliste zu befördern und sie "anzuschwärzen".
Das schnell zunehmende Mobbing in den Betrieben ist darauf zurückzuführen und wird mit dem immer gnadenloseren Wettbewerb, dem die Unternehmen ausgesetzt sind, parallel dazu weiter in "Mode" kommen.
Es läßt sich also festhalten, daß in Zukunft die Freude an der Arbeit durch Konkurrenzdruck, Firmenpleiten und Mobbing im Betrieb drastisch nachlassen wird. Wer jetzt schon unter der Arbeit leidet, wird diese in Zukunft möglicherweise unerträglich finden.
Sie tun also gut daran, sich nicht zu sehr vom "Job" abhängig zu machen und beizeiten eine Alternative aufzubauen. Wie wir später noch sehen werden, heißt die Alternative nicht den "Job hinschmeißen" (was jedoch auch denkbar wäre, wenn bereits genügend Finanzmittel vorhanden sind), sondern ein sinnvoller Parallellauf von Job und zweitem Standbein.
Die Lage wird noch weiter durch den Staat verschärft. Ein wichtiger Punkt sind hier die explodierenden Steuern und Abgaben, welche trotz höherem Arbeitsdruck real immer weniger Verdienst den Menschen übriglassen.

2. Explodierende Steuern/überhöhtes Preisniveau

Die Steuerlast nimmt seit Bestehen der Bundesrepublik immer schneller zu. Trotz aller gegenteiligen Versprechen der Verantwortlichen und "Steuerreformen" ist die Belastung der Bevölkerung nie kleiner, sondern immer größer geworden - parallel zur Staatsverschuldung (Abb. 1). Wie der Steuerzahlerbund bekanntgab, mußten die Deutschen allein im Jahr 2001 ganze 201 Tage nur für Steuern und Abgaben arbeiten, da die Abgabenlast auf über 55 Prozent geklettert war. Deutlich wird allerdings auch, daß die Steuerlast ungleich verteilt wurde: Während sich die Lohnsteuer, also die Abgabe aus unselbständiger Arbeit, immer schneller steigerte, sank die veranlagte Einkommenssteuer, also die Abgabe auf selbständige Tätigkeit und Unternehmen.

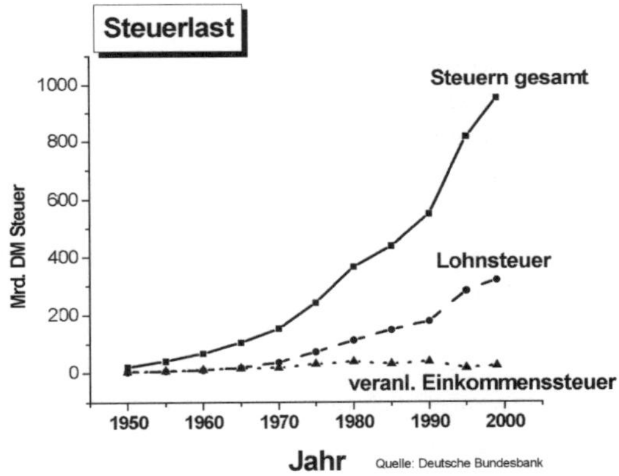

Abb. 1: Anstieg der Steuerlast in Deutschland

Es kommt also zu einer immer größeren Diskrepanz zwischen den Steuerlasten der angestellten Bevölkerung und der Unternehmen. Hier dürfte sicherlich auch die verstärkte Anwendung von "kreativer Buchführung", also das bewußte Manipulieren der Bilanz, bei den Betrieben, eine Rolle gespielt haben. So sank die veranlagte Einkommenssteuer (Steuer der Unternehmen) allein von 1992 bis 1998 von 41,5 Mrd. DM auf nur noch 4,5 Mrd. DM.[7] Mit anderen Worten: Die Betriebe zahlen kaum noch Steuern, der Arbeitnehmer umso mehr.
Was viele bei der ganzen Diskussion über "Steuerreform" und "Entlastungen" ganz vergessen, ist der Umstand, daß die Steuerlast automatisch jedes Jahr zunimmt. Durch jede Lohnerhöhung kommt der Bürger in eine höhere progressive Versteuerungsstufe, er muß also immer größere Anteile seines Verdienstes abgeben, um Abgaben zu leisten - selbst wenn es sich

bei der Lohnerhöhung nur um einen Inflationsausgleich handelte. Studien zeigen beispielsweise, wie allein dadurch zwischen 1996 und 1999 die Bürger um 77 Mrd. Mark mehr belastet wurden. Allein durch das Zusammenwirken von Inflation und Progression würden schon alle angeblichen Erleichterungen durch die geplante Steuerreform bis zum Jahr 2005 wieder mehr als aufgefressen.[8] Es ist daher keine Frage, warum die Steuerbelastung für die Bürger immer weiter steigt. Während das durchschnittliche Bruttomonatsgehalt der Angestellten in Industrie und Handel seit 1960 nur um das Zehnfache angestiegen ist, kletterte die Steuerlast um das 17 fache.[9] Die Steuerlast steigt also erheblich schneller als Ihr Einkommen, so daß allein von daher, Sie immer weniger Geld zur Verfügung haben werden, was auch ein Vergleich der Entwicklung der Bruttolöhne und der Nettolöhne zeigt. (Abb. 2)
Auch das Statistische Bundesamt wies darauf hin, daß die Einkommenssteuer seit 1993 um 13 Prozent gestiegen ist. Mehr als doppelt so stark steigerten sich sogar die Sozialbeiträge. Währenddessen nahmen die Nettoeinkommen im gleichen Zeitraum gerade um ein Prozent zu.[10] Dabei bleibt das Abrutschen in die Armut keineswegs auf eine kleine Gesellschaftsschicht beschränkt. Experten gehen davon aus, daß zwei Drittel der Bevölkerung einmal im Leben in eine vorübergehende Armutsperiode geraten werden.[11]

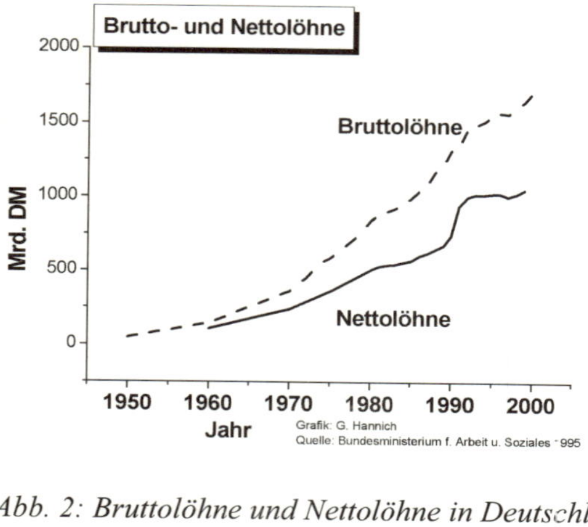

Abb. 2: Bruttolöhne und Nettolöhne in Deutschland

Die Steuern und Abgaben werden in Zukunft noch viel weiter ansteigen, auch wenn das die Politiker abstreiten. Die explodierenden Zinslasten für die Staatsverschuldung, die Überalterung der Gesellschaft, das marode Krankheitssystem, um nur einige Faktoren zu nennen, werden zu unerträglichen Belastungen für jeden führen, was den Lebensstandard drastisch senken wird.

Dazu kommt noch ein überhöhtes Preisniveau in Mitteleuropa. So sind beispielsweise die Bauland und Immobilienpreise in Deutschland so hoch, daß sich ein Normalverdiener kaum noch etwas leisten kann. Bis zum Jahr 1995 stiegen die Immobilienpreise überproportional an (Abb. 3).

Wer sich das Grundbedürfnis "eigenes Dach über dem Kopf" leisten will, muß sich in der Regel hoch verschulden, büßt damit, wie wir später noch sehen werden, einen Großteil seiner Flexibilität ein und setzt sich unkalkulierbaren Risiken aus. Die wenigsten denken in diesem Zusammenhang daran, sich in Ländern niederzulassen, welche wesentlich günstigere Immobilienpreise bieten und entsprechend viel mehr Freiraum für die eigene Lebensgestaltung lassen.

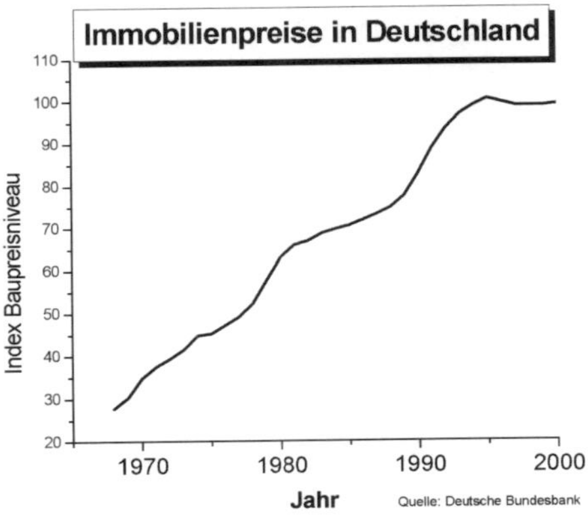

Abb. 3: Entwicklung der Immobilienpreise in Deutschland

Auch die allgemeinen Lebenshaltungskosten sind in Deutschland bedeutend höher als in vielen Auswanderungsländern. So kosten beispielsweise die gleichen Medikamente oftmals in

Südamerika nur ein Zehntel so viel wie in Deutschland. Lebensmittel oder Treibstoff sind nicht selten nur ein Viertel so teuer wie bei uns, von den Fixkosten wie Kfz-Versicherung, Krankenkasse etc. ganz zu schweigen.
Aus rein finanziellen Gründen ist also schon der Gedanke an das Schaffen eines zweiten Wohnortes im Ausland naheliegend. Doch auch andere Rahmenbedingungen verschlechtern sich in Mitteleuropa zusehends. Damit verbunden ist ein ständiger Verlust an Freiheit, der durch den Staat noch zusätzlich verschärft wird.

"Im verdorbenen Staat gibt es die meisten Gesetze."
Tacitus

3. Verlust der Freiheit

Ein wichtiger Punkt, warum immer mehr Menschen eine Auswanderung oder ein zweites Standbein im Ausland in Betracht ziehen, liegt im Verlust der Freiheit in vielen Industrieländern. Gerade in Deutschland hat die Überregulierung inzwischen solche Formen angenommen, daß von einer sinnvollen Gesetzgebung kaum noch die Rede sein kann. Immer mehr wird von den Politikern und Behörden entschieden und entsprechend weniger Eigeninitiative wird dem Bürger zugestanden. Wer sich heute beispielsweise in Deutschland als Fahrradreparaturbetrieb betätigen möchte (eine Tätigkeit, deren Kenntnisse sich viele in ihrer Freizeit angeeignet haben), der muß einen Titel als Zweiradmeister nachweisen, bzw. eine Person mit einem solchen Titel einstellen. Dabei erstreckt sich eine Ausbildung als Zweiradmeister nur am Rande auf Fahrräder, vielmehr auf Motorräder. Ähnlich sieht es aus, wenn Sie einen Reinigungsbetrieb eröffnen wollen, der in Unternehmen die dortige Reinigung veranlaßt. Damit Sie dort den Boden wischen dürfen, bzw. Leute dafür einstellen können, müssen Sie einen Titel als Reinigungsmeister aufweisen. Diese beiden Beispiele zeigen schon deutlich, daß es mit der Gewerbefreiheit in Deutschland nicht mehr weit her ist. Ganz anders im Ausland: Wer sich beispielsweise in Paraguay als Elektriker betätigen möchte, braucht dafür gar keine Zulassung, sondern fängt einfach an. Dies hat selbstverständlich auch seine Nachteile, wenn beispielsweise unqualifizierte Leute mit komplizierten Tätigkeiten betraut werden, jedoch ist die Überregulierung bei uns weit über das sinnvolle Maß hinausgeschossen. Ähnlich sieht es bei den Bauvorschriften aus, welche in Deutschland nicht einmal das ungenehmigte Anbringen einer Dachgaube erlauben, welche niemanden beeinträchtigen würde. In vielen anderen Ländern würde es einen Aufstand geben, wenn der Staat den Leuten vorschreiben wollte was sie auf ihrem eigenen Grund und Boden zu bauen haben und was nicht.

Ein anderes Beispiel ist die Schulpflicht. Seit bekannt wurde, daß die deutsche Ausbildung unterdurchschnittlich ist (Pisa-Studie Anfang des Jahres 2002), möchten immer mehr Eltern - mit Recht - ihre Kinder von dort wegholen und fachkundig nach besseren Lehrplänen ausbilden lassen. Dies verwehrt der Staat jedoch mit Hinweis auf die "Schulpflicht". Im Ausland würde dies niemanden interessieren.

Diese Liste könnte nun noch beliebig erweitert werden. Deutlich wird jedoch, daß die Ketten, an denen unsere Eigeninitiative festgekettet ist, schon sehr dick sind. Viele Auswanderer berichten, wie sie erst im Ausland wieder erfahren haben, was Freiheit eigentlich sei und wie wichtig dies für das Leben ist. Bekanntlich kann man Freiheit erst dann empfinden, wenn die Ketten weg sind.

Dazu kommen noch Gefahren für die Gesundheit und auch die allgemeine Umweltzerstörung, die einem das Leben in Mitteleuropa verleiden können.

"Alles was geschieht geht Dich an."
Günter Eich, Schriftsteller, 1907-1972

4. Gesundheitsgefahren und Umweltzerstörung

Den wenigsten ist heute bewußt, wie schnell sich die Gesundheitsgefahren besonders in Deutschland verstärken. Am deutlichsten wird dies anhand der rasanten Zunahme von elektromagnetischer Strahlung, auch "Elektrosmog" genannt. Vor allem die Verbreitung von Mobiltelefonen hat hier die Situation verschärft. Obwohl die Mobilbetreiber aus eigenem Interesse Gefahren verneinen, mußte sogar das Bundesamt für Strahlenschutz Mitte 2001 Warnungen aussprechen. Kinder sollten demnach gänzlich von dieser Technik ferngehalten werden und Gespräche so kurz wie möglich bleiben, weil veränderte Hirnströme beobachtet worden seien. [2] Leider nutzt es hier wenig, selbst auf solche Geräte zu verzichten, da immer mehr für die Mobiltechnologie erforderliche stationäre Sendemasten aufgestellt werden und die Umgebung bestrahlen. Im Gegensatz zu anderen Ländern, ist Deutschland sehr dicht besiedelt, hat eine große Anzahl von Mobilfunknutzern. Dies zwingt geradezu dazu, eine entsprechend dichte Aufstellung von Sendemasten einzuplanen. Noch schwieriger wird die Lage, wenn erst die neue UMTS Technologie für Handys kommen wird. Für die dort verwendete hohe Datenübertragung wird ein noch viel dichteres Netz von Sendemasten nötig sein, welche die Bevölkerung bestrahlen. Dabei sind heute schon die Gesundheitsgefahren kaum mehr zu leugnen. Teilweise wurden schon deutliche Hirnfunktionsänderungen bei den Betroffenen, bis hin zur absoluten Strahlenanfälligkeit festgestellt. Man kann davon ausgehen, daß eine massive Zunahme elektromagnetischer Strahlung, welche es in der Menschheitsgeschichte noch nie gab, mit Sicherheit entsprechende Gesundheitsgefahren erzeugen wird. Unter Umständen sind die Folgen erst viel später eindeutig zu diagnostizieren oder wirken sich sogar auf die kommenden Generationen aus. Einzige Lösung für den Einzelnen ist es hier, sich von den Strahlenquellen fernzuhalten.

Eine andere Gefahrenquelle für die Gesundheit stellen schon seit vielen Jahren Atomkraftwerke und Chemieanlagen dar. Die Gefahr von Störungen mit weitreichenden Auswirkungen ist dabei nur eine Frage der Zeit. Vor allem seit den Terroranschlägen auf das World Trade Center am elften September 2001 sollte jedem klar sein, daß ein einziger gezielter Anschlag auf solche Gefahrenobjekte zu einer weitreichenden Verseuchung großer Gebiete führen kann, was dann entsprechende gesundheitliche Schäden erzeugen muß. Dabei gibt es ein Gesetz in der menschlichen Entwicklung: Alles, was theoretisch passieren kann, wird auch irgendwann, irgendwie und irgendwo passieren.
Der nächste Punkt im Bezug auf Gesundheitsgefahren, ist die schlechte Qualität der Nahrungsmittel in Mitteleuropa. Die zunehmende Häufung von Nahrungsmittelskandalen, angefangen mit BSE im Fleisch, bis hin zu verbotenen Schädlingsbekämpfungsmitteln in Ökonahrung Mitte des Jahres 2002, zeigt deutlich die Gefahren. Dabei handelt es sich nur um die Spitze des Eisberges, die wirklichen Bedrohungen werden gar nicht erst bekannt.
Dazu kommt, daß durch jahrzehntelange Überbeanspruchung die Böden in Mitteleuropa zunehmend weniger in der Lage sind, gesunde Nahrung zu liefern. Alles in allem gesehen, ist Mitteleuropa heute kein Platz mehr, auf dem sich gesund leben läßt. Wer also auch in Zukunft noch gesunde Nahrung haben möchte, wer eine natürliche Umwelt genießen möchte und seinen Kindern Allergien und Krebs ersparen will, der kommt um ein zweites Standbein im Ausland kaum herum. Dabei handelt es sich nicht um eine Flucht, sondern um die Wahrnehmung der Verantwortung für sich selbst und seine Kinder - statt nur zu jammern und abzuwarten.
Doch dazu kommen noch weitere Gefahren, denen sich die meisten gar nicht bewußt sind, wie beispielsweise die Anfälligkeit unseres Landes gegen eine Versorgungskrise.

"Handeln ist das Gegenmittel zur Verzweiflung"
Joan Baez

5. Anfälligkeit gegen Versorgungskrisen

In den letzten Jahrzehnten hat sich die Versorgungslage unseres Landes deutlich gewandelt: Von einer kleinbäuerlich strukturierten Landwirtschaft wandelte sich der Agrarsektor zu einer hochtechnisierten Industriebranche. Ebenfalls werden zunehmend Nahrungsmittel nicht mehr im eigenen Land erzeugt, sondern importiert. Damit verbunden ist eine immer stärkere Abhängigkeit vom Transportsektor. Die Krisensicherheit eines solch komplexen Systems leidet darunter merklich. Die Kleinbauern beispielsweise, welche in der Weltwirtschaftskrise der dreißiger Jahre oder während des Zweiten Weltkrieges, die Städte versorgten, sind größtenteils verschwunden. Der Agrar-Sektor wird nur noch von einer kleinen Minderheit landwirtschaftlicher Betriebe besetzt. Man darf nicht vergessen, daß in Deutschland seit 1967 über 60 Prozent der Kleinlandwirte verschwunden sind.[13] In anderen Ländern sieht es ähnlich aus: So sank die Zahl der Farmen im Jahr 1997 in den USA auf den tiefsten Stand seit 1850.[14] Durch Verlust des regionalen Wirtschaftens ging eine zunehmende Abhängigkeit vom Transportsektor einher. Gleichzeitig nahm der Einsatz und damit die Abhängigkeit von Maschinen, Pestiziden und Düngemitteln in der Landwirtschaft dramatisch zu. Daneben wird auch der Nahrungsmittelmarkt weltweit von wenigen großen Konzernen zu über 90% kontrolliert. Schon eine ähnliche Wirtschaftskrise wie damals würde heute eine Nahrungsmittelkrise in den Industriestaaten auslösen. Die überschuldeten Bauern können dann die Kredite nicht mehr abzahlen, der Preisverfall wird gleichzeitig die Selbstkosten nicht mehr abdecken und die Nahrungsmittelerzeugung muß zusammenbrechen. Ähnliches wird mit dem Transportsektor geschehen. Ohne ständige Zulieferung sind heute die Supermärkte innerhalb von etwa 2 Tagen ausverkauft, da die Lagerhaltung zur Kostenersparnis vermieden wird. Reserven sind ebenfalls keine vorhanden, da die EU-Lagerbestände bereits vor einigen Jahren komplett aufgelöst wurden. Weltweit sind die Vorräte von Nahrungsmitteln auf einem Tiefpunkt angelangt. Die Stillegung von landwirtschaftlicher Nutzfläche wird sich ebenfalls negativ auf die Nahrungsmittelproduktion aus-

wirken, da ein brachliegender Acker einen Teil seiner Ertragskraft einbüßt. Zudem kommt heute ein Großteil der Nahrungsmittel aus dem Ausland. Wenn die Transporte in einer Krise nur kurzfristig ausfallen, kommt die Versorgung schnell in Schwierigkeiten.[15] Auch die geringe Vorratshaltung der Bevölkerung wird sich in einer Krise rächen. So lagerte Ende der neunziger Jahre nur noch jeder zehnte Haushalt Kartoffeln ein, während dies zehn Jahre früher noch 25 Prozent waren.[16] Der einbrechende Welthandel wird ebenfalls zur Knappheit wichtiger Güter beitragen.
Eine Krise könnte also sehr schnell die Versorgungslage der Bevölkerung gefährden. Dies wiederum würde zu Unruhen, Plünderungen und Bürgerkrieg führen. Daß das Risiko für ein solches Szenario am wachsen ist, wird später noch im Abschnitt zum Terrorismus klarer. Schon ein einfaches Ausfallen des Strom- oder Computernetzes könnte hier zu weitreichenden Schwierigkeiten führen. Ähnlich sieht es für den Fall einer Wirtschaftskrise aus, welche den verschuldeten Agrar- und Transportsektor schnell zusammenbrechen lassen könnte. Diese Gefahr stellt ebenfalls ein Argument für das Auswandern in dünnbesiedelte Regionen nahe, in welchen Selbstversorgung möglich ist.
Die gesamte Problematik einer Wirtschafts- und Versorgungskrise wird noch dadurch vergrößert, weil Mitteleuropa eine sehr große Bevölkerungsdichte hat.

"Der Faule lebt in Harmonie mit dem Bestehenden und verspürt keinen Drang, es zu ändern."
Thaddäus Troll

6. Hohe Bevölkerungsdichte/Überfremdung

Man sollte sich vergegenwärtigen, daß der Mensch in seiner eine Million Jahre umfassenden Geschichte etwa 99 Prozent davon in der Steinzeit verbracht oder danach in einfachen Verhältnissen gehaust hat. Die Zivilisation unserer Tage ist im großen Stil erst wenige Jahrzehnte alt. Der Mensch ist deshalb von seinen Bedürfnissen und seiner Denkweise immer noch

auf diese Steinzeit geprägt. Diese Urzeit zeichnete sich jedoch vor allem durch eine sehr niedrige Bevölkerungsdichte aus, in der die einzelnen Stämme in großen Abständen voneinander lebten und Kontakt unter ihnen eher die Ausnahme war. Wie die Verhaltensforschung heute weiß, ist der Mensch von seiner Natur her kein Massen-, sondern ein Kleingruppenlebewesen. Über unzählige Jahre konnte er seinen Blick über eine weite, unbewohnte Landschaft schweifen lassen. Das Bevölkerungswachstum begann erst etwa ab Beginn der Industriellen Revolution richtig zu explodieren (Abb. 4).
Demgegenüber hat sich die Umwelt innerhalb weniger Jahrzehnte völlig gewandelt: Die Menschen unserer Tage sind von Millionen Mitmenschen umgeben, eine freie Landschaft gibt es nicht mehr. Dies erzeugt in der menschlichen Psyche eine Art Dauerstreß, der sich in permanenter Unzufriedenheit und Aggressivität äußert. Ganz schlimm sieht es für die Bewohner von Städten aus, wo diese in großen Hochhäusern buchstäblich gestapelt werden. Da Wohnraum dort immer teuerer wird, muß dieser inzwischen schon stellenweise in Quadratzentimetern gemessen.

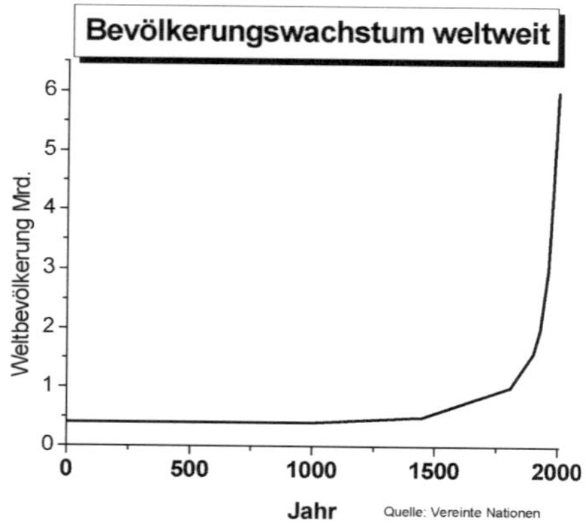

Abb. 4: Bevölkerungswachstum weltweit

Das Ganze erinnert schon fast an die Legebatterien für Käfighühner. Während man jedoch bei diesen schon von einer "nicht artgerechten Haltung" spricht, wird die menschenfeindliche Lebensweise in den Städten bedenkenlos hingenommen. Man wundert sich nur, daß dort die Kriminalität immer weiter ansteigt und die Scheidungsraten jährlich neue Rekordstände erreichen. Auf der Abbildung von S. 80 wird ersichtlich, wie übervölkert inzwischen Mitteleuropa im Vergleich zu anderen Erdteilen ist.

Vor allem Deutschland gilt als eines der überbevölkertsten Länder weltweit. Würde man die gesamte Weltbevölkerung nach Nordamerika schaffen, dann wäre die Bevölkerungsdichte immer noch kleiner als bei uns heute.

Was ebenfalls vergessen wird, ist die Tatsache, daß eine hohe Bevölkerungsdichte automatisch die Stabilität des Gesamtsystems beeinträchtigt.

Generell können Sie davon ausgehen, je höher die Bevölkerungsdichte eines Landes ist, umso anfälliger wird diese Nation auf Krisen und äußere Störungen reagieren. Während es für einen Bauern im Urwald von Südamerika kein Problem ist, mit einer Wirtschaftskrise in der weit entfernten Stadt zurechtzukommen, ist es für einen Bewohner von Mitteleuropa beinahe eine existentielle Bedrohung. Man muß erkennen, daß die sogenannte Zivilisation auch nur so lange existieren kann, solange die komplexen Versorgungssysteme reibungslos funktionieren. Bei hoher Bevölkerungsdichte ist auch eine Selbstversorgung nicht mehr möglich - im Gegenteil: Plünderungen, Mord und Totschlag zählen bei einem Zusammenbruch der Versorgungssysteme sehr schnell zum Alltag.

Dazu kommt, daß die heutige Generation mit einem Leben im scheinbaren Überfluß nie gelernt hat, mit einer Krisensituation umzugehen. Anders als noch die Großväter, welche die Weltwirtschaftskrise miterlebten, kann sich heute kaum noch jemand überhaupt vorstellen, was eine Krise bedeuten würde - geschweige denn könnte jemand mit einer solchen Situation umgehen.

Zusätzlich wird die Problematik durch eine heterogene Bevölkerungsstruktur vergrößert. In den letzten Jahren siedelten sich in großer Anzahl fremde Kulturkreise in Mitteleuropa an. Solange scheinbarer Überfluß herrscht und das Wirtschaftssystem einigermaßen funktioniert, gibt es mit dem Zusammenleben weniger Probleme. Ganz anders sieht es aus, wenn der

Überfluß in einen Mangel übergeht. Dann ist die Gefahr groß, daß sich die einzelnen Volksgruppen gegenseitig bekämpfen. Bedeutsam ist hier der Integrationsgrad der Ausländer in die deutsche Kultur. Je niedriger dieser ist, umso riskanter wird das Zusammenleben in Krisenperioden.
Leider ist die Integration ausländischer Bürger nach Untersuchungen eher gering. Deutlich wird diese Diskrepanz zur einheimischen deutschen Bevölkerung, wenn man bedenkt, daß die Hälfte aller ausländischen Schulabgänger ohne Abschluß die Schule verläßt. Dabei wies schon die Ausländerbeauftragte der Bundesregierung, Marie Luise Beck (Grüne), darauf hin, daß der offizielle Ausländeranteil in Deutschland von 8,9 Prozent im oberen Bereich innerhalb Europas liege. Wie eine Bestandsaufnahme in Essen ergab, können 59 Prozent der Ausländer nicht richtig Deutsch.[17]
Nochmals verschärft wird die Lage dadurch, wenn auch die illegalen, überhaupt nicht integrierten Ausländer beachtet werden. Wie eine Studie der Bundesregierung ergab, leben in Deutschland bis zu 1,5 Millionen Ausländer illegal.[18] Dabei ist die kriminelle Neigung mancher Volksgruppen schon heute beträchtlich größer als die der Deutschen. So ergab eine Untersuchung, daß beispielsweise in manchen hessischen Gefängnissen der Ausländeranteil bei nahezu 60 Prozent liege.[19]
In Zukunft ist noch mit einer weiteren Verschärfung der Situation zu rechnen: Wie das Deutsche Institut für Urbanistik bekanntgab, müssen sich viele deutsche Großstädte auf eine Verdopplung des Ausländeranteils bis zum Jahr 2030 einstellen. Bereits in 15 bis 20 Jahren könnte die erste Großstadt über 50 Prozent Ausländer haben.[20]
In einer zu erwartenden Krisensituation ist demnach mit erheblichen Spannungen sowohl unter den Deutschen, aber auch zwischen den unterschiedlichen Volksgruppen zu rechnen. Um diesen Problemen auszuweichen, ist der Gedanke ans Auswandern sicher gerechtfertigt. Zwar ist der Auswanderer im Ausland auch von Fremden umgeben, jedoch bietet sich dort noch die Gelegenheit, sich in bevölkerungsarmen Regionen anzusiedeln und damit den Konflikt-Problemen einer hohen Bevölkerungsdichte bei heterogenen Volksgruppen zu entgehen.

Die größte Bedrohung für die Industriestaaten ergibt sich jedoch durch das ihnen zugrunde liegende Finanzsystem, welches die Gefahr einer Wirtschaftskrise ständig wachsen läßt.

"Krisen meistert man am besten, indem man ihnen zuvorkommt."
Walt Whitman Rostow, Nationalökonom

7. Gefahr einer schweren Wirtschaftskrise

Um die Bedrohungen und die weitere Entwicklung für unser System richtig einschätzen zu können, ist es notwendig, die systemimmanenten Fehler zu erkennen. Erst dann wird deutlich, wie notwendig ein Gedanke ans "Auswandern" überhaupt ist. Dazu folgend eine kurze Einführung. Genaueres darüber und wie dadurch unser System destabilisiert wird, erfahren Sie im Buch "Börsenkrach und Weltwirtschaftskrise - Der Weg in den 3. Weltkrieg" (siehe S. 155).
Die meisten gehen heute von einem stabilen System aus, in dem der Lebensstandard dauerhaft gesichert ist. Die wenigsten wissen, daß dieser scheinbare Wohlstand letztlich nur auf einem riesigen Schuldenberg aufgebaut wurde, der jederzeit alles unter sich begraben kann.
Die Schulden wachsen heute überall auf der Welt viel schneller als die Produktivität. So steigen die Kredite beispielsweise in Deutschland mehr als 2,5 mal schneller als das Bruttosozialprodukt (Abb. 5) - ähnlich sieht es in Österreich und der Schweiz aus. In dem vermeintlichen Musterland Amerika ist es sogar noch schlimmer: Hier müssen für jeden Dollar Zuwachs an Produktivität ganze vier Dollar neue Schulden in Anspruch genommen werden. Logische Folge davon ist, daß überall schon bald die Zinslasten für den Schuldenberg nicht mehr bezahlt werden können und es zu einer schweren Krise kommen muß. Auch "Sparen" durch den Staat und die Unternehmen hilft hier nicht weiter, weil eine Unterbrechung der Kreditaufnahme in unserem System unmittelbar eine Depression wegen mangelnder Investitionen zur Folge hätte.
Frage an Sie: Kann jemand dauerhaft überleben, dessen Schuldenberg 2 ½ bis 4 mal schneller wächst als sein Ein-

kommen - oder muß nicht der Bankrott die unmittelbare Folge davon sein?

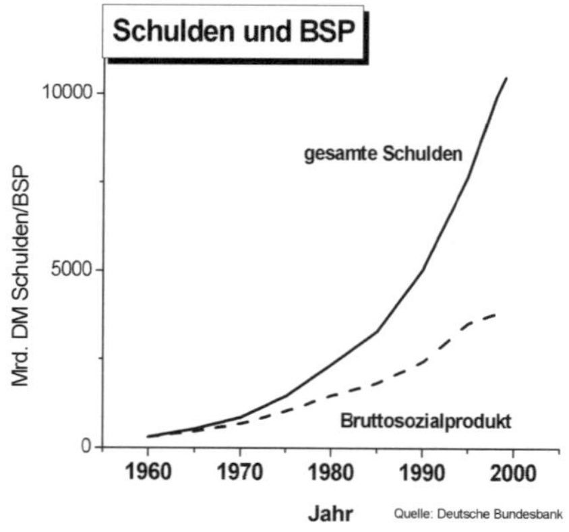

Abb. 5: Bankrottsystem - Die Schulden steigen (bspw. in Deutschland) 2 ½ mal schneller als die nominale Wertschöpfung

Zunehmend erwürgen die explodierenden Kapitalkosten die Finanzkraft der Unternehmen - die Gewinne in der Wirtschaft fallen. Damit verbunden ist ein Einbruch der Börsenwerte, weil den hohen Aktiennotierungen zunehmend keine Gegenleistung mehr gegenübersteht. Weil die Betriebe durch die Kreditkosten immer mehr dazu gezwungen sind, Arbeitskräfte auf die Straße zu setzen, kommt es zwangsläufig zu einer steigenden Arbeitslosigkeit und sinkenden Löhnen. Damit sinkt die Kaufkraft der breiten Bevölkerung und die Unternehmensergebnisse brechen weiter ein. Im weiteren Verlauf kommen auch die Banken in die Klemme, weil zunehmend vergebene Kredite an die Wirtschaft ausfallen. Damit allerdings ist auch Ihr Geld in Gefahr in einer Bankenkrise verloren zu gehen - die Geschichte wiederholt sich: Nach dem Börsenkrach 1929 verloren schon einmal unsere Vorfahren ihr Geld und ihre Sicherheit. Durchdachte Anlage- und Investitionsentscheidungen sind deshalb heute unverzichtbar.
Hier stellt sich die Frage nach der Ursache.

Der Zinseszins

Alles Geld, welches heute als Vermögen existiert, ist verzinst angelegt. Durch den Zins wächst das Geldvermögen jedes Jahr weiter an. Damit Zinserträge weiter fließen können, muß das angewachsene Geld wieder verliehen werden. Was der eine als Zinsgewinn hat, muß ein anderer als Verschuldung verbuchen. Es entsteht also ein Verschuldungszwang, indem die Zinsgewinne automatisch zu einer ansteigenden Gesamtverschuldung führen müssen. Ein Schuldenabbau ist deshalb niemals möglich. Im Gegenteil: die Schulden müssen bis zum Bankrott explodieren.

Das Fatale am Zinssystem ist, daß es exponentiell, also in immer schnellerem Maße abläuft: Ein Pfennig Verschuldung im Jahre 1 wäre bei 5% Zins nach 100 Jahren auf gerade 1,31 DM angewachsen, hätte jedoch im Jahr 1466 schon den Wert einer Erdkugel aus Gold angenommen.

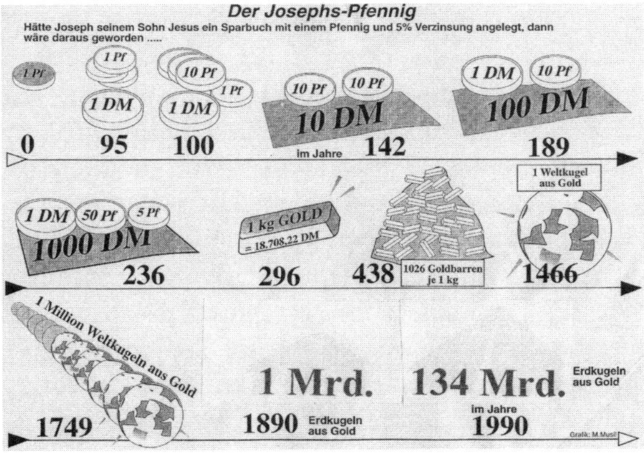

Abb. 6: Entwicklung einer Schuld bei nur 5 Prozent Zinseszins

Heute wäre diese damalige Schuld von 1 Pf durch Zinseszins auf den Wert von über 200 Milliarden (200.000.000.000) Erdkugeln aus Gold angewachsen. Schnell wird deutlich, daß unser Zinssystem nur einige Jahrzehnte funktionieren kann, bis es wieder zusammenbricht.

In der Endphase unseres Kapitalsystems explodiert immer der spekulative Sektor - die Aktienkurse steigen beispielsweise scheinbar unaufhörlich. Die Ursache liegt in der rückgängigen realen Rendite aus der Wirtschaft, welche das Kapital in riskante Börseninvestments drängt - die Folge wird ein Börsencrash sein. Auch Ihr Vermögen ist in diesem Verlauf zunehmend vom Verlust bedroht. So erzwingt das System ein immer schnelleres Wachstum der Börsenwerte, um dann beim Zusammenbruch beispielsweise Ihre Aktien zu entwerten. Jedoch ist auch Ihr weiteres Vermögen (beispielsweise in einer folgenden Bankpleitewelle) in Gefahr im Crash verloren zu gehen. Noch schlimmer sieht es für Ihre Schulden aus, die in einer folgenden Krise deflationär aufgewertet werden.

Die Ursache der Problematik

Um die Ursache der Entwicklung zu finden, schauen wir uns am besten eine Modellrechnung an (Abb. 7):

Seit Kriegsende wächst die Volkswirtschaft linear. Anfangs war der Kapitalanteil (Verzinsung) klein und stieg nach der Zinseszinsrechnung um real 7% pro Jahr an. Zu Beginn konnte das gesamte Geldkapital hochverzinst in der wachsenden Produktion angelegt werden. da sich jedoch der Zuwachs der Zinslast mit der Zeit beschleunigt, die Steigerung der Produktion jedoch nur um gleiche Beträge jedes Jahr möglich ist, wird die Bedienung des Kapitals mit jedem Jahr schwerer. Der Kapitalanteil beansprucht dabei einen immer größeren Teil der produktiven Wirtschaft. Zusätzlich läßt sich auch die ständige Zuwachsrate bei der Produktion immer schwerer aufrechterhalten, da der Markt zunehmend gesättigt ist und der Wettbewerb dadurch größer wird. Auch die Kaufkraft der Bevölkerung wird, durch die Zinsumverteilung zu wenigen Superreichen, ständig kleiner, womit der Unternehmensabsatz letztlich geringer werden muß.

In unserer Modellrechnung wächst nach etwa 35 Jahren (Jahr 1982 in der Realität) der Kapitalanteil erstmals schneller als die reale Wirtschaft, damit sinkt die real erzielbare Rendite aus dem Produktivvermögen. Für den Geldanleger wird es damit immer uninteressanter, sein Kapital in die reale Wirtschaft zu stecken. Dieser Tatbestand wird auch durch offizielle Zahlen untermauert: Die rechnerische Kapitalproduktivität ist nach Angaben der Bundesbank seit 1991 um 1,3% pro Jahr gesunken.[21] Als Ausweg wurde von den Geldbesitzern die Spekulation am Aktienmarkt entdeckt, das Börsenkapital wuchs deshalb seit 1982 nahezu exponentiell und bricht nun zusammen.

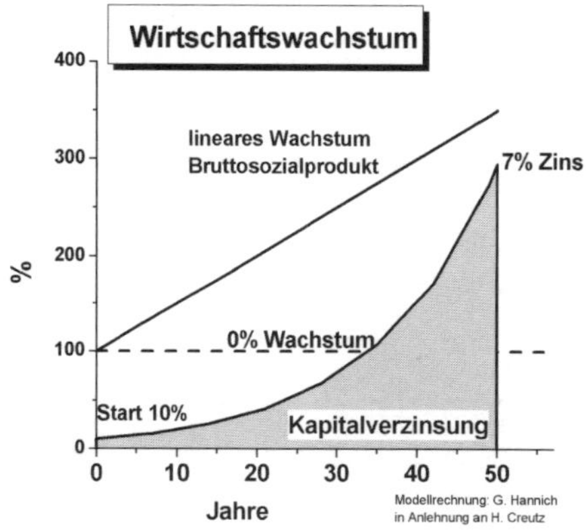

Abb. 7: Modellrechnung Entwicklung reale Volkswirtschaft und Kapitalanteil

Die Geschichte beweist diesen Ablauf zur genüge:

Crash 1873

In der Gründerzeit um 1870 wurden zunehmend Unternehmen durch massive Verschuldung gegründet und in Aktiengesellschaften umgewandelt. Nicht selten betrug der Aktienwert das Doppelte oder Dreifache des realen Firmenwertes. Die große Bevölkerung wurde durch sensationelle Zeitungsberichte über angebliche riesige Börsengewinne und massive Werbung zur Investition an der Börse geködert. Die Gier des Menschen nach Reichtum wurde dabei von cleveren Geschäftemachern geschickt ausgenutzt, um kritisches Denken auszuschalten. Die Entwicklung endete im März 1873 im Zusammenbruch und der bis damals größten Wirtschaftskrise, welche 23 Jahre dauerte und die Bevölkerung in bittere Armut stürzte.

Crash 1929

In den zwanziger Jahren erlebten die Aktienkurse wieder eine starke Aufwertung, es wurde erklärt, daß sich die Welt in einer "ewigen Hausse" befinde, durch welche die Armut beseitigt werden würde. Zunehmend wurde die Bevölkerung wieder für Investitionen an der Börse gewonnen. Von den Experten und Politikern wurde die drohende Gefahr eines Crashes verneint. Noch zwei Tage vor dem Zusammenbruch der Börse wurde vom renommierten Wirtschaftsprofessor Irving Fisher erklärt, daß der Markt sein hohes Niveau dauerhaft halten werde. Innerhalb von zwei Jahren verloren die Aktienkurse daraufhin nach dem Crash im Oktober 1929 über 90% ihres Wertes . Weltweit wurden die Menschen in Not und Elend gestürzt. Die Wirtschaftskrise wurde erst mit dem Ausbruch des Zweiten Weltkrieges beendet.

Crash 200x?
Seit März 2000 sind nun die Aktienkurse teilweise drastisch eingebrochen. Allerdings ist die Überbewertung noch keineswegs beseitigt. Im Gegenteil: Durch rückläufige Gewinne ist diese sogar noch höher als je zuvor. Auch haben die wichtigsten amerikanischen Aktienindizes wie der Dow Jones Indes und der S&P 500 bisher nur geringfügig korrigiert. Der Crash ist also keineswegs schon vorbei, sondern steht erst noch bevor. In einem Wirtschaftssystem, in dem die Schulden zweieinhalb bis viermal so schnell wachsen wie die Wertschöpfung ist "Aufschwung" reines Wunschdenken. Die Asien-, Rußland-, Brasilien-, Türkei- und Argentinienkrise zeigten deutlich, wie angespannt die Lage bereits ist.
Weltweit hat der Betrag der Verbindlichkeiten einen nie dagewesenen Stand erreicht. Der Zusammenbruch wird deshalb wesentlich massiver ausfallen als damals. Ein Aktiencrash wird die Börsenwerte zerstören. Im weiteren Verlauf werden die Zinsen, durch aufkommende Unsicherheiten, stark steigen, was auch die Kurse der Anleihen verfallen läßt. Da die meisten Banken in die Spekulation verwickelt sind, wird es Bankenpleiten geben, der Sparer verliert sein Geld. Weil den Menschen Kapital fehlt, müssen sie den Konsum einschränken, womit der Umsatz der Unternehmen zurückgeht. Mit sinkendem Umsatz sind die Betriebe gezwungen entweder bankrott zu machen oder Arbeitskräfte zu entlassen. Durch die entstandene Massenarbeitslosigkeit sinkt die Kaufkraft der Bevölke-

rung noch weiter, womit der Unternehmensumsatz zusätzlich einbricht. Wenn Sie Schulden haben, dann kommen Sie schnell in eine Zwickmühle aus sinkenden Einnahmen und steigenden Zinsen - schnell droht bei falscher Investition die Zwangsenteignung. Am Ende stehen Armut und Elend für die meisten.
Aus dieser Fehlentwicklung folgen nun eine ganze Reihe von Probleme wie beispielsweise explodierende Steuerlasten, steigende Kriegsgefahr, das Risiko von Unruhen und Bürgerkrieg. Aber auch eine andere Problematik, erfordert unser Beachtung:

"Wenn alle Experten sich einig sind, ist Vorsicht geboten."
Bertrand Russel

8. Der Überwachungsstaat

Wer heute die Welt mit wachen Augen betrachtet, dem fällt auf, daß die Entscheidungsträger zunehmend in die Richtung gehen, die Bevölkerung zu überwachen und damit zu kontrollieren. Die Freiheit wird durch solche Maßnahmen Zug um Zug abgeschafft, am Ende droht eine neue Art von Diktatur. Allein diese Entwicklung bekräftigt den Entschluß auszuwandern in nicht unerheblicher Weise. Wer beispielsweise in vergangener Zeit die Entwicklung realistisch einschätzte und entsprechend handelte, konnte der Diktatur des Dritten Reiches ebenso entgehen wie der roten Diktatur in der DDR.
Dabei werden die getroffenen Maßnahmen heute stets mit hohen Zielen begründet, etwa dem, die Kriminalität bekämpfen zu wollen. Das Überwachungsnetz wurde in der Vergangenheit langsam und möglichst unauffällig geschaffen, die Maßnahmen wurden jedoch in den letzten Jahren erheblich intensiviert. Zu beachten ist, daß die bekanntgegebenen Methoden in der Regel zehn Jahre hinter dem Stand liegen, der derzeit technisch möglich ist. Die wirkliche Gefahr durch den Überwachungsstaat ist deshalb noch ungleich höher als die offiziellen Meldungen vermuten lassen, doch reichen auch diese Angaben schon, um größte Vorsicht walten zu lassen.

Dabei ist der Wille jedes Staates in unserem instabilen System sehr groß, die Bevölkerung zu kontrollieren, um einmal Unruhen zu verhindern und zum zweiten die Arbeitskraft der Bevölkerung auszunutzen, um die ausufernde Bedienung der Schulden sicherzustellen. In unserer jüngsten Vergangenheit lassen sich unzählige Beispiele finden, wie der Staat durch eine sorgfältige Überwachung die Bevölkerung in Angst und Schrecken versetzte. Hier können in erster Linie die Gestapo im Dritten Reich oder die Stasi in der DDR genannt werden. Doch war es damals immer noch möglich, sich dem Spitzelnetz zu entziehen. Heute jedoch ist das Netz in den Industriestaaten so dicht und weit gespannt, daß Flucht nicht mehr möglich ist. Durch die technischen Möglichkeiten kann der Staat heute alle Bürger rund um die Uhr überwachen, und in Zukunft soll das Netz noch viel engmaschiger werden. Viele Zeitgenossen verfallen dabei der Annahme, daß wer nichts auf dem Kerbholz habe, sich nicht vor Überwachung fürchten müsse. Dies ist jedoch ein gefährlicher Trugschluß: Wer definiert denn, was als staatsfeindlich gilt und was nicht? Es sind genau dieselben Personen, die auch das Überwachungsnetz betreiben. Was ist, wenn die Lebensumstände so drückend geworden sind, daß ein Leben nicht mehr möglich ist und dann in Gesetzen vorgeschrieben wird: "Jeder hat die Hälfte seines letzten Besitzes an den überschuldeten Staat abzugeben." Dann ist jeder staatsfeindlich und damit kriminell, der den Anweisungen nicht nachkommt, also nicht für die Bedienung der Schulden zu verarmen oder gar zu sterben bereit ist. Wer sagt denn, daß der Begriff "Kriminalität" immer so gefaßt sein wird wie heute? Vielleicht wird jeder einmal zur Zwangsarbeit verurteilt, um die Verzinsung der Schulden sicherzustellen, und Flucht ist dann nicht mehr möglich. Was wäre, wenn beispielsweise die Mafia durch ihren großen Reichtum in die Macht des Überwachungsnetzes kommt und jeder "Schutzgeld" abzuführen hat? Eine Erfahrung aus der Geschichte lehrt, daß alles, was sich mißbrauchen läßt, auch irgendwann von irgendjemandem irgendwie mißbraucht werden wird. Ein Zurück gibt es dann nicht mehr, da diese Macht, die Herrschaft über jeden einzelnen Menschen zu jeder Zeit eine absolute ist. Die Entwicklung zum Überwachungsstaat ist also sehr

gefährlich und kann ganz schnell in einer perfekten Diktatur enden, gegen die kein Widerstand mehr möglich ist. Bedenklich ist vor allem, daß diese Entwicklung immer schneller vor sich geht und die Bevölkerung dem Geschehen tatenlos und unkritisch entgegensieht.
Wie weit diese bedenkliche Entwicklung schon fortgeschritten ist, sollen folgende Beispiele zeigen: Allein von 1995 bis zum Jahr 2001 stiegen in Deutschland die direkten, bekannten Telefonabhöraktionen von 3667 auf 19.896. Da eine solche Überwachung in der Regel mehrere Monate dauert und sämtliche Verbindungen erfaßt, gehen Experten davon aus, daß davon über eine Millionen Menschen in Deutschland im Jahr 2001 betroffen waren.
Der Verfassungsrechtler Johann Bizer warnte schon davor, daß die Regierung den Terroranschlag in New York im September 2001 dazu nutzte, um Eingriffsrechte durchzusetzen, welche sich die Sicherheitsbehörden schon lange wünschten.[22] Eilig wurden vor allem in Deutschland sofort neue Gesetze eingebracht, um die Bevölkerung besser unter Kontrolle zu haben. So äußerte Bundesbankpräsident Welteke schnell Zweifel am deutschen Bankgeheimnis.[23] Bundesfinanzminister Eichel griff diesen Gedanken auf und forderte die Einrichtung einer zentralen Stelle, in der alle "verdächtigen" Kontobewegungen erfaßt werden sollten.[24] Der bayerische Innenminister Beckstein warf Datenschützern vor, an "überholten Bedenken" festzuhalten und forderte, daß Videoüberwachung auch dort praktiziert werden müßte, wo es lediglich eine "abstrakte Bedrohung" gebe.[25] Videokameras und Überwachung also am besten flächendenkend und überall. Die CDU forderte darüber hinaus, die Bundeswehr künftig auch im Inland einzusetzen, um "Terroristen auszuschalten".[26] Darüber hinaus plante Bundeswirtschaftsminister Müller, die gesetzlichen Voraussetzungen für Fahrverbote und Stromabschaltungen zu schaffen.[27] Schnell waren sich die Innenminister der Bundesländer auch darin einig, eine großangelegte Rasterfahndung durchzuführen.[28] Bundesinnenminister Schily folgte dann mit einem zweiten "Sicherheitspaket", in dem er forderte, daß Ausweise sowohl Fingerabdrücke als auch biometrische Daten, wie beispielsweise die Gesichtsform, enthalten sollte.[29] Damit wäre es

dann möglich, mit den installierten Videoüberwachungskameras jeden Bürger automatisch zu identifizieren, zu erfassen und zu überwachen. Weiter sollte durch dieses "Sicherheitspaket" dem Bundeskriminalamt das Recht eingeräumt werden, auch ohne Anfangsverdacht zu ermitteln.[30] Mit Recht lehnte der Bundesdatenschutzbeauftragte Jacob die Pläne ab und erklärte, daß diese kaum tauglich seien, den internationalen Terrorismus zu bekämpfen.[31] Einhellig wurden die Überwachungs-Forderungen darüber hinaus von Bürgerrechtlern, Richtern, Anwälten und der Polizeigewerkschaft als "überzogen und voreilig" abgelehnt und, es wurde vor einer übermäßigen Einschränkung der Grundrechte gewarnt.[32] Mit den Anschlägen in den USA hat damit der Überwachungsstaat einen ungekannten Aufschwung erfahren. Die Zukunft kann schnell in einer perfekten Diktatur enden.
Wer meint, daß er durch Unterwürfigkeit unter eine Diktatur ungeschoren davon kommt, irrt meist. Ein amerikanisches Sprichwort lehrt, daß *wer seine Freiheit gegen (vermeintliche) Sicherheit eintauscht am Ende beides verliert.*
Nicht weniger gefährlich ist die weltweit steigende Kriegsgefahr.

"Die Zivilisation ist nichts anderes als ein Farbanstrich, der vom nächsten Regen fortgewaschen wird."
Auguste Rodin, franz. Bildhauer, 1840-1914

9. Kriegsgefahren/Terror

Nach dem Anschlag in New York am 11. September 2001 wurde von der amerikanischen Regierung der "Kampf gegen den Terror" ausgerufen, der viele Jahre dauern solle. Der Vize-Verteidigungsminister Wolfowitz erklärte darüberhinaus Ende 2001, daß man im Eifer der Jagd auf den Terroristenchef Bin Laden nicht vergessen dürfe, das gesamte terroristische Netzwerk in Afghanistan und weiteren 59 Ländern unschädlich zu machen.[33] Damit ist endgültig der Beginn eines neues Kriegszeitalters zu erwarten.

Bedenklich stimmt hier, daß schon Anfang 2001, im Zuge einer aufkommenden Rezession in den USA, wieder kräftig in Rüstung investiert wurde. So wurde beispielsweise einmal vom US-Handelsministerium bekanntgegeben, daß es im März 2001 einen leichten Anstieg der Auftragseingänge gegeben hätte und deshalb das Schlimmste überstanden sei. Doch während überall die Auftragseingänge sanken, stiegen sie nur in einem Bereich: Die Aufträge für Kriegsschiffe und Panzer kletterten um 936 Prozent und für langlebige Militärgüter um fast 64 Prozent.[34]

Wie die Geschichte zeigt, kann ein zusammenstürzendes Schuldensystem oft nur durch einen Krieg wieder stabilisiert werden. Dies bedeutet im Umkehrschluß, daß wir parallel zu den wachsenden Schulden- und Zinslasten auch kriegerischeren Zeiten entgegengehen. Überhaupt führen die durch den Schuldendienst immer drückender werdenden Kapitalkosten oftmals dazu, daß die Bevölkerung zur Gewalt greift. Dies war beispielsweise in der französischen Revolution so, als Frankreich 70 Prozent seiner Steuereinnahmen nur für den Schuldendienst verwenden mußte, wie auch im Ersten Weltkrieg, als allein Deutschland nur für die Eisenbahnanleihen mehr Schuldendienst leisten mußte, als das ganze hochgerüstete Heer beanspruchte.

Dabei sollte nicht vergessen werden, daß für einen überschuldeten Angreifer der militärische Konflikt oftmals den einzigen Weg darstellt, seine Schulden durch Ausschaltung des Gläubigers zu "tilgen". Ein Land, welches immer größere Anteile seines Etats nur für den Schuldendienst aufwenden muß, die Schulden schon mehrmals abbezahlt hat und dessen Schuldenberg trotzdem immer weiter wächst, erkennt schnell, daß es keine Chance hat. Wie wir schon gesehen haben, sind heute eine ganze Reihe von Ländern bereits in dieser hoffnungslosen Lage gefangen. Doch kommt jeder Staat, dessen Geldsystem auf Zins basiert, zwangsläufig früher oder später in die gleiche Lage, allein weil sich das Wirtschaftswachstum nicht in dem Maße steigern läßt, wie die Schulden durch Zinseszins explodieren. Ein Abbau der Schulden, also eine Tilgung ist ohnehin nicht möglich, weil Schulden zwar hin und hergeschoben, jedoch niemals aufgelöst werden können, ohne daß die dahin-

terstehenden Geldvermögen ebenfalls entwertet werden. Die Gefahr, daß die alten Rezepte zur gewaltsamen "Schuldentilgung" wieder angewandt werden, ist heute sehr groß.
Daneben steigt auch parallel zu den weltweiten Kriegseinsätzen und der sich verbreitenden Armut die Bereitschaft zum Terrorismus. Nach dem Terrorangriff in New York im September 2001 ist die Befürchtung, daß es vielleicht zu einem weiteren, noch drastischeren Anschlag kommen könnte durchaus berechtigt. So wurde dieser Verdacht erhärtet, als beispielsweise der Führer der afghanischen Taliban Mulla Mohammed Omar im November 2001 erklärte, daß das Ziel die Zerstörung Amerikas sei und meinte weiter: "Mit Gottes Hilfe hoffen wir, daß dies innerhalb einer kurzen Zeit geschehen wird. Behalten Sie diese Voraussage im Gedächtnis."[35] Deutlich wurde die Bedrohung schon zuvor, als Osama bin Laden mit dem Einsatz von chemischen- und Atomwaffen drohte.[36] Mitte 2002 warnte US-Vizepräsident Cheney davor, daß es nicht eine Frage sei, ob es ein neues Attentat geben werde, sondern nur wann. Dabei plane die Terrorgruppe Al Qaida einen Anschlag in der Größe des 11. September oder größer und Amerika könne dies nicht stoppen. In die gleiche Richtung ging FBI-Chef Robert Müller, als er darauf hinwies, daß Terroristen Massenvernichtungsmittel bekommen und nicht zögern werden, diese einzusetzen.[37] Hier wird auch die Labilität unserer auf Elektronik und Computer aufgebauten Welt deutlich. So zeigte ein Beitrag des Terrorismusforschers Prof. Laqueur die Gefahren, indem er auf die Risiken einer verkomplizierten Gesellschaft im Falle terroristischer Anschläge hinwies: Wenn es Terroristen gelänge, "wichtige Zentralen oder Schaltstellen unserer sich immer komplizierter und vernetzter entwickelnden Computersysteme zu blockieren oder gar zu zerstören, dann könnten dadurch für Tage, Wochen oder schlimmstenfalls Monate das Leben unserer Gesellschaft völlig paralysiert werden." Er wies auch auf ein Gesetz in der Geschichte hin: "Leider gibt es in der Geschichte ein Gesetz, daß alles, was sich am Horizont menschlichen Denkens als Möglichkeit herausbildet, eines Tages auch in die Praxis umgesetzt wird." Dabei ist für die Zerstörung eines Landes nicht viel Aufwand nötig: "Was man braucht sind vier, fünf oder

höchstens sechs Personen mit technischen Kenntnissen und etwas Kapital zur Anschaffung der entsprechenden Materialien und Geräte, und schon läßt sich Terror ganz ohne besonders ausgefeilte konspirative Strukturen organisieren."[38] In die gleiche Richtung deutet eine Studie des Center for Strategic and International Studies (CSIS), welche zum Ergebnis kam, daß die USA durch Zerstörung des Computernetzes mit zehn exzellenten Hackern und zehn Millionen Dollar in die Knie gezwungen werden könnten.[39] Anfang 2000 gab es einen umfassenden Hackerangriff auf das Internet. Zur künftigen Abwehr wurde die NSA (der geheime Inlandsgeheimdienst der USA) beauftragt, was zeigt, wie ernst die Lage ist.[40]
Mittels einer kleinen Atombombe, welche in großer Höhe gezündet wird, könnten Terroristen die Elektronik eines halben Kontinentes durch den damit erzeugten NEMP (Nuklearer Elektromagnetischer Impuls) zerstören. Dann würde die Strom- und Wasserversorgung, wie auch Telefon und Computer ausfallen. Keine Ampel, keine Registrierkasse, kein Bankautomat - nichts mehr würde funktionieren. Die Welt wäre dann von einem Moment zum anderen um 100 Jahre zurückgeworfen, was sofort zu Mord und Totschlag, Plünderungen, Vergewaltigungen unter Umständen sogar zum Bürgerkrieg führen müßte.
Dabei ist zu bedenken, daß die weltweite Bereitschaft zum Terrorismus mit der zwangsläufigen Verarmung vieler Länder zunehmen wird.
Vor allem die Industrieländer werden dann unter Umständen massiv von Terroranschlägen betroffen sein. Da Terroristen zum Ziel haben, einen möglichst großen Schaden anzurichten und möglichst viele Menschen zu töten, werden vor allem die Länder mit großer Bevölkerungsdichte davon betroffen sein. Da sich die deutsche Regierung zur bedingungslosen Solidarität im "Krieg gegen den Terror" verpflichtet hat und zudem innerhalb der Nato in die kriegerischen Konflikte eingebunden ist, muss man auch hier mit einem Gegenschlag von Terroristen zu rechnen. In diese Überlegungen müssen immer mehr auch Atomwaffen einbezogen werden. Zunehmend geraten auch Schwellenländer in den Besitz von Atomsprengkörpern. In einem System, in dem die Spannungen zwangsläufig zu-

nehmen müssen, steigt damit auch das Risiko der Verwendung von nuklearen Waffen. Bereits in wenigen Jahren wird unter Umständen die Benutzung von atomaren oder auch chemischen Massenvernichtungswaffen zum normalen Alltag gehören. Entrinnen können Sie den damit verbundenen Gefahren nur, indem Sie sich in Gebieten aufhalten, welche im wahrsten Sinne des Wortes "abseits" liegen.

"Du interessierst Dich nicht für den Krieg - aber der Krieg interessiert sich für Dich!"
Sprichwort

Mit einem Atomkrieg ist noch nicht alles zuende

Wenn von einem drohenden Krieg die Rede ist, wird von vielen behauptet, daß ein neuer Weltkrieg gar nicht möglich sei, weil ein Einsatz des Atombombenpotentials unvorstellbar wäre. Die Medien haben in diesem Zusammenhang ebenfalls kräftig Falschmeldungen verbreitet. Es wurde behauptet, daß ein Schutz gegen Kernwaffen unmöglich und vergeblich sei und ein solcher Krieg, egal wo, nicht zu überleben wäre. Ein Nuklearkrieg sei völlig undenkbar, weil die Erde danach auf Jahrtausende verstrahlt sei, was auch dem Angreifer nichts nutzen würde.
Wenig bekannt sind die physikalischen Fakten zu Atombomben, die zu völlig unterschiedlichen Ergebnissen führen: Atomwaffen beziehen ihre enorme Energie aus der Spaltung von Uran oder Plutonium, bei Wasserstoffbomben aus der Kernfusion von Wasserstoff zu Helium. Die Energieausbeute verteilt sich zu 50% auf die Druckwelle, zu 30% auf Hitzestrahlung, zu 5% auf Sofortkernstrahlung und 10% Rückstandsstrahlung. Vor der Druckwelle, der Hitzestrahlung und der Sofortkernstrahlung (radioaktive Strahlung aus dem Feuerball der Bombe innerhalb der ersten Minute) kann man sich schützen, indem man einige Kilometer von der Explosionsstelle entfernt ist oder stabile unterirdische Räumlichkeiten (stabile Keller, U-Bahnschächte usw.) aufsucht. Was den Menschen am meisten Angst macht, ist hier die radioaktive Strahlung, die nach dem

Abwurf verbleibt. Was die Folgen des radioaktiven Niederschlages angeht, ist es zuerst wichtig, in welcher Höhe die Atomwaffe gezündet wurde. Wurde sie in der Luft gezündet, so werden die radioaktiven Bestandteile der Bombe in große Höhen befördert, in der sie keine unmittelbare Gefahr für die Erdbewohner darstellen - ein radioaktiver Fallout bleibt aus. Wenn jedoch die Kernwaffe in Bodennähe oder auf der Erdoberfläche gezündet wurde, lagern sich die radioaktiven Bombenbestandteile an den hochgeschleuderten Staub an und rieseln wieder zu Boden - es kommt zu strahlendem Fallout. Von der Strahlung her gefährlich sind also nur Explosionen in Erdnähe, da nur dann radioaktiver Ausfall entsteht. Die meisten Menschen denken nun, daß die Strahlung permanent sei und die betroffene Region für lange Zeit unbewohnbar machen würde. Dies ist jedoch nicht der Fall, da es sich beim Fallout zum größten Teil um kurzlebige Isotope handelt, welche schnell zerfallen. Die Strahlung ist dabei nach der Kernwaffenzündung sehr hoch und klingt danach schnell ab. Bereits 7 Stunden nach einem Atombombeneinsatz in Bodennähe ist schon 90% der Radioaktivität wieder verschwunden. Nach 48 Stunden ist nur noch 1% der Strahlung meßbar, welche nach einer Stunde nach der Explosion erfaßbar war und nach zwei Wochen gibt es nur noch eine Reststrahlung von weniger als 0,1% (Abb. 8).

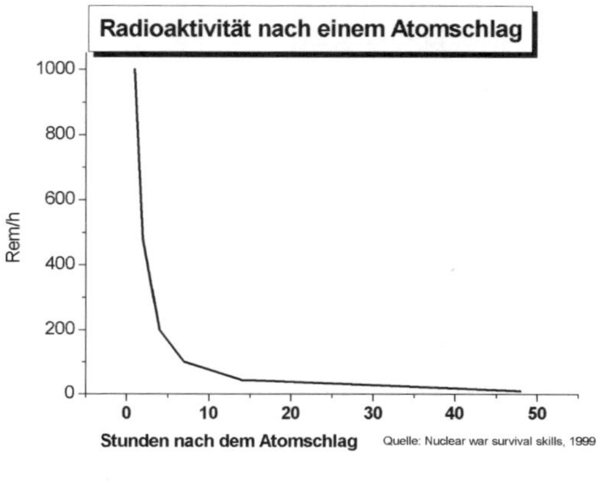

Abb. 8: Rückgang der Strahlung nach einem Atomwaffeneinsatz

Dies bedeutet, daß das Gelände schon nach wenigen Tagen betreten und nach einigen Monaten sogar wieder normal genutzt werden kann.
Völlig grundlos ist auch die Annahme, daß nach einem Atomgefecht das Wasser radioaktiv verseucht wäre und deshalb kein Überleben möglich sei. Einmal zerfallen viele radioaktive Isotope, wie gezeigt wurde, sehr schnell, zum zweiten besteht der radioaktive Fallout aus wasserunlöslichem Staub, der sich an der Erdoberfläche ablagert und nicht in das Grundwasser eindringt. Sogar oberflächennahes und nicht durch Tonschichten abgeschirmtes Wasser ist damit nicht von Radioaktivität bedroht.[41] Genauso sieht es mit dem Anbau von Nahrungsmitteln nach einem Atomschlag aus: Der Großteil radioaktiver Substanzen ist bereits nach einigen Wochen vollständig verschwunden und der kleine Rest langlebiger Isotope wie Strontium 90 oder Cäsium 139 werden im Boden durch Ionenaustauschvorgänge weitgehend gebunden und werden deshalb nicht von den Pflanzen aufgenommen.[42] Der nächste Weltkrieg wird auch deshalb mit Nuklearwaffen geführt werden, weil damit konventionelle Munition gespart werden kann: Für eine Artillerieatomgranate von einer Sprengkraft von 20000 Tonnen TNT müßten einige Güterzüge voll konventioneller Munition herbeigeschafft werden, was dem Angreifer im Gefechtsfall schwer fallen würde. Ein Atomkrieg ist aus diesen Gründen sicher kein Weltuntergang, läßt sich durchaus militärisch führen und auch (das ist die gute Nachricht) überleben. Das Leben ist hinterher genauso lebenswert wie heute auch - wenn auch etwas verändert. Das Beispiel Hiroshima (die Stadt, auf welche zum erstenmal im Jahr 1945 eine Atombombe abgeworfen wurde) belegt deutlich, daß ein Leben auch nach einem Atomkrieg möglich ist.
Die steigende Kriegs- und Terrorgefahr zwingt deshalb beinahe dazu, sich mit dem Thema "Auswandern" zu beschäftigen. Kriege wurden dabei immer von den Menschen am besten überlebt und auch erlebt, welche rechtzeitig ein sicheres Plätzchen im Ausland fanden und dadurch vor der Gefahr ausweichen konnten.

10. Die Suche nach dem persönlichen Glück

Neben all diesen Gründen, sich ein zweites Standbein im Ausland aufzubauen, gibt es für viele vielleicht einen ganz persönlichen Grund, in ein bestimmtes Land zu gehen: Vielleicht, weil Land und Leute einem dort besonders behagen, vielleicht weil Sie dort Freunde, eine Freundin oder einen engen und guten Geschäftspartner haben. Vielleicht begeistern Sie Flora und Fauna des Landes - oder vielleicht wollen Sie dort einfach eine Einsamkeit und eine Abgeschiedenheit genießen, die Ihnen zu Hause fehlen. Diese Suche nach dem ganz persönlichen Glück - und sei sie nur verkörpert durch einen bestimmten Ort, eine bestimmte Region in diesem Land - mag für nicht ganz wenige wichtiger sein als all die anderen aufgezählten Punkte. Und oftmals ist das tatsächlich der wichtigste und entscheidendste Grund (ohne daß Sie dabei die Prüfung der anderen Punkte vergessen sollten; denn es ist dann wie bei einer guten Ehe: Sie mögen noch so sehr verliebt sein: es prüfe, wer sich ewig binde; Sie wissen ja, Scheidungen können teuer kommen, auch die spätere Scheidung von einem einst so sehr ersehnten Land).

Zusammenfassung: Ein zweites Standbein im Ausland heißt Gewinn von Freiheit und Sicherheit

Die Gründe, welche heute für einen Zweitwohnsitz im Ausland sprechen, sind vielfältig und werden beinahe von Tag zu Tag stärker. Sie beginnen bei einer sich rapide verschlechternden Arbeitsumgebung, in der das einzelne Individuum zunehmend nur noch als Zahnrad betrachtet wird, das die immer schneller sich drehende Maschine am laufen halten soll. Unzufriedenheit und ständiger Druck sind die Folgen dieser Entwicklung. Steigende Steuern und Abgaben lassen dabei von dem immer schwerer zu erwirtschaftenden Lohn zunehmend weniger übrig. Daneben verschlechtern sich auch die gesundheitlichen Rahmenbedingungen. Alles, verbunden mit einer extrem hohen Bevölkerungsdichte in Mitteleuropa und einer Überfremdung durch ungesteuerte Einwanderung läßt die Lebensqualität deutlich sinken. Verschlimmert wird diese Entwicklung noch durch die immer tieferen Einschnitte in die persönliche Freiheit durch zunehmend mehr Gesetze. Erst im Ausland können viele Auswanderer überhaupt erfahren, was "Freiheit" eigentlich ist. Auch die Gesundheit wird in Mitteleuropa in Mitleidenschaft gezogen: Neben einer sich verschlechternden Nahrungsqualität macht vor allem der sich ausbreitende "Elektrosmog" zunehmend Menschen zu schaffen - ohne daß diese gegen die Belastung etwas tun könnten. Noch schlimmere, handfestere Bedrohungen bauen sich durch die explodierende Verschuldung von Staat, Wirtschaft und Unternehmen auf, welche bereits jetzt schon mehr als zweieinhalbmal schneller zunimmt als die Wertschöpfung. Es handelt sich hier um eine regelrechte Zeitbombe, welche - wie in der Vergangenheit schon - zu schweren Wirtschaftskrisen und Leid für die Bevölkerung führen muß. Der Staat reagiert auf die veränderten Umstände, indem er sich in Richtung "Überwachungsstaat" perfektioniert, welcher dem einzelnen Bürger immer weniger Freiraum läßt. Nicht zu vergessen ist eine sich steigernde Gefahr für die Industriestaaten, in Kriege und Terroranschläge verwickelt zu werden. Alles in allem gibt es also sehr gute Gründe, über ein Domizil im Ausland nachzudenken. Die Geschichte zeigt, daß solche Fragen frühzeitig gestellt werden müssen, solange noch Handlungsfreiheit besteht. Viele Familien konnten sich etwa vor der roten oder braunen Diktatur in der Vergangenheit nur retten, weil sie die Möglichkeit hatten, ins Ausland zu gehen. Trägheit und Denkfaulheit haben hier noch nie Früchte getragen. Zu all diesen Argumenten für ein zweites Standbein im Ausland kommen dann noch individuelle, persönliche Gründe, welche für den einzelnen eine wichtige Bereicherung in seinem Leben darstellen. Doch so viele Gründe auch für das Auswanderns sprechen, man sollte auch die Nachteile nicht vergessen.

"Wer Schwierigkeiten sucht, findet immer welche."
Englisches Sprichwort

Sieben Gründe gegen das zweite Standbein im Ausland

Zuerst einmal muß klargestellt werden, daß es ein Unterschied ist, ob jemand ein Domizil im Ausland aufbaut und dort zeitweise verweilt, oder ob er ganz und gar auswandert, also dauerhaft dort lebt. Die Probleme treten im allgemeinen erst dann in voller Stärke auf, wenn der Wohnsitz gänzlich im Ausland liegt. An oberer Stelle steht hier sicher der Verlust der gewohnten Umgebung.

1. Verlust der gewohnten Umgebung

Im Auswanderungsland herrscht meist ein anderes Klima, und die Landschaft weicht vielleicht erheblich von der heimatlichen ab. Wie man aus Untersuchungen weiß, wird der Mensch in gewissen Maße von der Umgebung, in der er aufgewachsen ist, geprägt. So fühlt sich ein Bayer oft an der Nordsee nicht wohl, weil er den ständigen Wind und das Flachland nicht gewohnt ist. Genauso kann sich ein Ostfriese nur schwer in Bayern in den Bergen einleben, da ihm der Wind und der weite Überblick über das Land fehlen.
Noch extremer kann es dann aussehen, wenn jemand in ein ganz anderes Land auswandert. Die ersten Jahre ist diese "Abwechslung" vielleicht noch schön, doch irgendwann stellt sich möglicherweise eine Sehnsucht nach der Heimat ein. Dies ist sicher zum Großteil eine Mentalitätsfrage: Dem einen macht es nur etwas aus, für den anderen wird es zur Tortur. Mancher leidet gar fürchterlich darunter, daß er keine ständige Kommunikation mit der Heimat mehr hat. Darüber muß sich jeder klar werden, bevor er seinen Wohnort ins Ausland verlegt. Entschärft wird das Problem selbstverständlich, wenn nicht total ausgewandert, sondern nur ein zweites Standbein geschaffen wird. Dann ist der begrenzte Aufenthalt im Aus-

land eine bereichernde Abwechslung. Sehr erleichtert wird das Leben im Ausland heute auch durch die Telekommunikation. Über Internet können Sie beinahe permanent mit Ihrem Heimatland in Verbindung bleiben, können die gewohnten Zeitungen lesen und bleiben auch sonst über alles informiert, was dort passiert. Mit Ihren Freunden können Sie Kontakt halten, wenn Sie kostenlos via Internet Emails, Faxe oder SMS innerhalb Deutschlands sowohl empfangen, als auch versenden können.
Ein anderes Problem ist, daß im Ausland eine andere Kultur und Sprache vorherrscht.

2. Andere Kultur/Sprache

Eine Sprache zu lernen ist noch möglich und gerade für einen Auswanderer zu empfehlen. Sich jedoch an eine andere Kultur oder Mentalität anzupassen, fällt schon weitaus schwerer. Dabei kann die Mentalität des Einwanderungslandes teilweise erheblich von der eigenen abweichen. Während die Deutschen dafür bekannt sind, pünktlich, zuverlässig und fleißig zu sein, sind die Bewohner anderer Staaten oft völlig anders eingestellt: Pünktlichkeit ist ein Fremdwort und von Zuverlässigkeit oder Fleiß ist kaum etwas zu bemerken. Sich als Deutscher daran zu gewöhnen kann schwierig sein. Gemildert wird die Umstellung, wenn Sie sich in Gegenden niederlassen, welche bereits von Deutschen oder deutschstämmigen Leuten bewohnt sind. Trotzdem ist es eine Umstellung, schon allein deshalb, weil Sie Ihren gewohnten Freundeskreis verlieren.

"Denken ist schwer. Deshalb urteilen die meisten."
Carl Gustav Jung, schweizer Psychologe

3. Verlust des Freundeskreises

Wer sehr an seinen Verwandten, Bekannten und Freunden hängt und regelmäßige Kontakte schätzt, für den ist es wesentlich schwieriger, darauf zeitweise zu verzichten, als für je-

manden, der mehr eigenständig lebt. Nicht jedem liegt es, sich im neuen Land einen neuen Freundeskreis aufzubauen. Schnell kann es dann zur Langeweile und Eintönigkeit kommen.
Freunde und Bekannte reagieren darüberhinaus oft noch unerklärlich unwirsch, wenn Sie diese mit dem Wunsch nach "Auswanderung" konfrontieren und durchblicken lassen, daß Sie es ernst meinen. Da gibt es die unterschiedlichsten Reaktionen: Die einen reagieren mit ernstgemeinter Sorge. Da heißt es dann, daß Sie doch nicht so einfach die soziale Sicherheit, die Rente etc. aufs Spiel setzen dürften. Wieder andere reagieren mit Neid, weil sie merken, daß jemand aus dem eintönigen Trott ausbrechen möchte während sie selbst nie den Mut zu solch einem Schritt finden könnten. Wieder andere halten einen für einen "Vaterlandsverräter", der sein Heimatland im Stich läßt. Alles in allem hat der potentielle Auswanderer damit zu rechnen, daß er in seinem gewohnten Umfeld überwiegend auf Ablehnung stößt. Bewährt hat sich hier, daß man weniger vom "zweiten Standbein" oder vom "auswandern" spricht, sondern mehr vom "Nutzen einer zusätzlichen beruflichen Chance im Ausland".
Durch ein Domizil im Ausland könnte sich allerdings ein Problem ergeben, weil Sie durch die abwechselnden Wohnorte letztlich nirgends mehr richtig zu Hause sind. In Deutschland haben Sie nicht mehr genug Zeit für den Freundeskreis, im Ausland leben Sie sich nicht genug ein, weil die Zeit von vornherein begrenzt ist. Unbedingt ist deshalb zu raten, den Kontakt zum Freundeskreis auch vom Ausland aus pflegen. Nach der Rückkehr berichten viele Auswanderer auch von einer inneren Distanz zu Freunden. Freundschaften müssen dann oftmals erst wieder neu entstehen. Auch die Umgewöhnung von einem Land auf das andere kann sich als schwierig erweisen. Wichtig ist es hier, daß man sich zur psychischen und körperlichen Akklimatisation genügend Zeit nimmt.
Viele werden jedoch im Ausland von einem anderen Problem erfaßt:

4. Einsamkeit

Wer in ein Land mit niedriger Bevölkerungsdichte auswandert, wie es unter Annahme einer bevorstehenden Krisenzeit auch am sinnvollsten ist, der muß sich zwangsläufig darauf einstellen, daß er dann auch weniger Menschen sieht und die Kontakte zu ihnen geringer werden. Sehr wichtig ist es also, daß Sie einer sinnerfüllenden Beschäftigung nachgehen können. Wer nur in seinem Haus sitzt und vor sich hin döst, der wird früher oder später von der Einsamkeit erschlagen. Wer jedoch von sich aus Ruhe sucht und sich gut selbst beschäftigen kann, für den kann es sogar sehr günstig sein, endlich aus dem übervölkerten Europa herauszukommen. Es gibt Auswanderer, welche zuerst sehr glücklich im neuen Land sind, nach einigen Jahren jedoch, wenn die wichtigsten Einrichtungsarbeiten erledigt sind, unter Einsamkeit leiden und sogar wieder nach Deutschland zurückkommen. Günstig ist es hier, wenn sich jemand über moderne Kommunikation, wie beispielsweise das Internet, mit anderen austauschen und zudem noch sich selbst gut beschäftigen kann. Solche Fragen müssen vorher geklärt werden, bevor viel Geld investiert wird. Hier sollte jedoch wieder zwischen dem dauerhaften Aussteigen und dem zeitweisen Aufenthalt im Ausland unterschieden werden. Da Sie sich mit einem zweiten Standbein abwechselnd in der alten Heimat und im Ausland aufhalten, kann es eigentlich gar nie zu dem Problem der Einsamkeit kommen.
Auch die Finanzen müssen gründlich geplant werden, bevor Sie ein Domizil im Ausland aufbauen.

"Im Ausland kann man ein kleines Vermögen machen - wenn man ein großes mitbringt..."
Auswanderer-Sprichwort

5. Finanzknappheit

Gerade hier machen sich viele Auswanderer häufig Illusionen und glauben, daß sich im Ausland problemlos viel Geld machen ließe. So meinten bei Umfragen 74 Prozent derjenigen,

welche gerne auswandern wollen, daß "im Ausland alles leichter" sei - während nur 9 Prozent derjenigen, welche ausgewandert waren, dies bestätigen konnten.
Viele Auswanderer werden oft von einer späteren Finanznot geplagt. Deshalb muß von vornherein gründlich geplant werden, wie der Lebensunterhalt im Zielland dauerhaft bestritten werden soll. Da die Löhne in vielen Auswanderungsländern teilweise erheblich unter den gewohnten liegen, ist das günstigste, wenn das Einkommen aus Deutschland kommt, Am besten ist es hier für Rentner, welche regelmäßig ihre Rente auf ein deutsches Konto überweisen bekommen und dieses dann im Ausland nutzen. Auch für Selbständige, welche nicht vor Ort sein müssen und Geschäfte mit Handy, Fax und Internet erledigen, sieht es gut aus. Unbedingt sollten immer Ersparnisse vorhanden sein, um eventuell Finanzlücken auszufüllen. Sich auf einen dauerhaften Verdienst im Ausland zu verlassen, könnte sich schnell als Trugschluß erweisen, wenn das geplante Unternehmen nicht läuft, oder auf nicht vorhersehbare Hürden stößt.

6. Engagement in Deutschland

Ein Grund dafür, ganz in Deutschland zu bleiben, könnte sein, daß jemand in Deutschland beruflich oder privat stark engagiert ist. Wer ein eigenes Unternehmen, dessen Geschäftsbereich ganz an Deutschland gebunden ist, besitzt, der wird unter Umständen gar keine Zeit haben, sich im Ausland nach Alternativen umzusehen. Ähnlich geht es solchen, welche privat in Mitteleuropa in der Pflicht stehen, etwa weil sie vielleicht ein pflegebedürftiges Familienmitglied versorgen müssen. Für manche gar, welche sich sehr für das eigene Land politisch oder gesellschaftlich engagieren, erscheint der Gedanke ans "Auswandern" oft zuallererst als eine Art "Vaterlandsverrat", an den sie nie auch nur im Traum denken würden.
All diese Gründe sind verständlich und nachvollziehbar. Jedoch sollte ein hundertprozentiges Auswandern nicht mit einem zweiten Standbein und dessen Vorteilen verwechselt

werden. Die Zeit, darüber nachzudenken, sollte sich jeder nehmen.
Ein anderer Grund gegen das Auswandern ist gegeben, wenn Kinder da sind. Dabei ist es immer schlecht, wenn diese aus ihrem Freundeskreis gerissen werden und unter Umständen am Ende an zwei völlig verschiedenen Orten abwechselnd leben sollen. Hier könnten Sie allerdings auch wieder das Domizil im Ausland nur in Ferienzeiten mit den Kindern nutzen, gewissermaßen als bessere Urlaubsunterkunft. Vielleicht (oder sogar wahrscheinlich) gefällt es dann den Kindern dort sogar besser, und man muß überlegen, ob nicht der Hauptwohnsitz dorthin verlegt werden soll. Ähnlich sieht es aus, wenn ein Lebenspartner sich nicht mit der Idee anfreunden kann. Generell ist es schlecht, wenn jemand dazu überredet wird. Dies endet dann häufig in Streitereien und Vorwürfen. Besser ist es auch hier wieder, erst einmal nur von einem Urlaubsort zu reden und diesen dann auch nur für den Urlaub zu besuchen. Dann zeigt sich schnell, ob dieser Ort für den Lebenspartner akzeptabel ist oder nicht.

"Man muß etwas Neues machen, um etwas Neues zu sehen."
Georg Ch. Lichtenberg, Physiker und Schriftsteller, 1742-1799

7. Aufwand

Auch den Aufwand für das zweite Standbein im Ausland scheuen viele Bürger. In der Tat ist solch eine Aktion mit nicht wenig Arbeit und Kosten verbunden. Daneben schreckt die Belastung durch zwei Wohnsitze, welche verwaltet und gepflegt werden müssen, viele ab. Doch geht es in erster Linie einmal darum, sich allein darüber Gedanken zu machen. Erst wenn die Vor- und Nachteile, wie auch der wirkliche Aufwand bekannt sind, kann beurteilt werden, ob es sich lohnt oder nicht.

Zusammenfassung - Gründe gegen das Auswandern

Wer dauerhaft auswandern will, der muß sich auf einige mögliche Umstellungen vorbereiten. Viel günstiger sieht es demgegenüber für alle aus, die ein zweites Standbein im Ausland aufbauen wollen, das nur zeitweise benutzt wird. Da ist die Verbindung zur Heimat doch noch voll erhalten, und der ausländische Wohnsitz wird nur als besserer "Urlaubsort" benutzt. Die Probleme, welche bei längerem Aufenthalt in Erscheinung treten, beginnen meist mit dem Verlust der gewohnten Umgebung. Eine andere Kultur, andere Mentalität der Bewohner und ein neues Klima oder eine andere Landschaft können zu psychischen Belastungen führen. Auch die ungewohnte Sprache im Auswanderungsland kann Probleme aufwerfen. Der Verlust des Freundeskreises in der Heimat kommt ebenfalls hinzu. Vor allem macht die Einsamkeit Auswanderern oft zu schaffen. Dazu kommen dann häufig auch noch finanzielle Probleme, wenn die Aktion nicht gründlich geplant wurde. Wer in der Heimat beruflich oder privat sehr engagiert ist, findet unter Umständen auch wenig Interesse am Ausland. Ebenso erscheint vielen der Aufwand für das Vorhaben zu hoch. Deshalb ist auch eine umfassende Planung notwendig. Hier stellt sich die Frage nach den Voraussetzungen zum Auswandern.

"Um Erfolge zu erreichen, muss etwas gewagt werden."
Helmuth von Moltke, preußischer Feldmarschall

Voraussetzungen

Die finanziellen Möglichkeiten

Die wichtigste Voraussetzung für ein Domizil im Ausland ist sicher eine gewisse finanzielle Freiheit. Erst muß ein finanzielles Fundament da sein, bevor Sie ein zweites Standbein aufbauen können. Jemand, den in Deutschland Schulden drücken, der kann kaum daran denken, in einem anderen Land zu leben. Unbedingt sollte deshalb heute Verschuldung vermieden werden, um sich nicht den Weg zum erträumten Auswanderungsparadies im Vorfeld zu verbauen. Selbst wenn jemand versucht, durch kriminelle Machenschaften das nötige Geld zusammenzubekommen (wovon hier dringend abgeraten wird!), wird er auch im Ausland schnell von seinen selbst verursachten Problemen wieder eingeholt und sicher keine Ruhe mehr finden.

Schwierig ist es auch, wenn das Vermögen in Immobilien in Mitteleuropa investiert wurde. In der Regel ist es viel einfacher, etwas zu kaufen, als es wieder zu verkaufen. Manchmal vergehen Jahre, bis eine Immobilie wieder abgestoßen werden kann - und dann oft nur unter dem Einkaufspreis. Wer sich also mit einem Domizil im Ausland auseinandersetzt, der sollte sich nun in keinem Fall durch eine Immobilie an Deutschland binden.

Am besten ist es immer, wenn Ersparnisse zur Einrichtung des neuen Domizils verwenden werden können. Um dies zu erreichen, ist es jedoch wichtig, daß Sie frühzeitig im Leben Prioritäten setzen. Geld sollte hier möglichst nicht in unnötige Modetrends investiert, sondern lieber "auf die hohe Kante" gelegt werden. Sie können beispielsweise darangehen und gezielt immer eine Modeklasse geringer einkaufen, als Sie es normalerweise tun würden. Die eingesparte Differenz zahlen Sie dann auf ein extra Konto ein. Wenn Sie also normalerweise einen Mercedes kaufen würden und sich nun für einen Kleinwagen entscheiden, dann kommt das gesparte Geld

gleich auf Ihr Konto. Ebenso verhalten Sie sich bei der Anschaffung von Kleidung, Möbeln etc..
Noch besser ist es, wenn Sie gleich ganz auf einen Kauf verzichten können. Oft muß gar kein neues Auto gekauft werden, weil das alte immer noch mindestens fünf Jahre fahren kann. Dann können Sie sehr schnell Ihr Konto für das Domizil im Ausland füllen.
Denken Sie immer daran, daß ein Kauf in der Regel nur kurze Zeit wirklich Freude bereitet und schnell wieder langweilig wird. Das zweite Standbein im Ausland bietet Ihnen hingegen viel mehr, nämlich Sicherheit, Freiheit, Abwechslung, eine Alternative, wenn nicht sogar die Erfüllung Ihres Lebenstraumes.

Der Grundsatz lautet: Die Voraussetzung für die Freiheit ist die Sparsamkeit!

Selbstverständlich muß das Geld so investiert werden, daß es möglichst vor Finanzkrisen sicher ist. Was für eine Vermögenssicherung wichtig ist, wurde bereits im Buch *"Geldcrash - So retten Sie Ihr Vermögen"* (siehe S. 154) beschrieben. In diesem Buch sagte der Autor bereits das Platzen der Börsenblase, weltweite Währungs- und Finanzkrisen voraus. Eine gute Finanzierung des Zweitwohnsitzes im Ausland sind regelmäßige Zahlungen aus Deutschland. An erster Stelle stehen hier Renten oder Pensionen. Schon im Jahr 1996 wurden mehr als 200.000 Renten von der Bundesversicherungsanstalt für Angestellte (BfA) ins Ausland überwiesen. Hier ist es gut, wenn der Hauptwohnsitz in Deutschland beibehalten wird, wenn auch nur pro forma. Schon seit einiger Zeit diskutieren die Politiker darüber, Zahlungen von Renten für Bürger im Ausland ganz einzustellen. Da der Staat zunehmend unter Geldmangel leidet, werden solche Vorschläge auch früher oder später umgesetzt. Wer jedoch die Rente nach wie vor auf ein deutsches Konto überwiesen bekommt und hier den Hauptwohnsitz unterhält, braucht davor keine Angst zu haben. Zu den regelmäßigen Zahlungen zählen auch Mieteinnahmen. Viele Aussteiger finanzieren sich ihren Lebenssitz im Ausland durch Vermieten einer Wohnung oder eines Hauses. Auch

Kapitaleinkünfte gehören hierher, ebenso wie eine Abfindung aus einem gerade verlorengegangenen Arbeitsplatz. Wenn Sie zudem mehr als 183 Tage im Jahr im Ausland verweilen, sind Zinseinkünfte aus Anleihen und im Schuldbuch eingetragenen Forderungen steuerfrei. Vor allem jedoch eine selbständige Tätigkeit kann den Geldfluß aus Mitteleuropa sicherstellen. Wer beispielsweise überwiegend heute schon von zu Hause aus mittels Telefon, Fax und Internet arbeitet, der kann dies auch von jedem beliebigen Ort der Welt aus. Hier sind vor allem Journalisten, Schriftsteller, Programmierer, Grafiker und eine Reihe anderer freiberuflicher Tätigkeiten im Vorteil. Gerade das Internet bietet heute beinahe unbegrenzte Möglichkeiten, um einer Beschäftigung in Mitteleuropa auch aus der Ferne nachzugehen und daraus ein ständiges Einkommen zu erzielen.

Wichtig ist auch die Sicherheit der laufenden Einnahmen aus dem Heimatland. So nutzt es Ihnen wenig, wenn Sie beispielsweise Mieteinnahmen haben, diese jedoch permanent vom Mieter wegen Mietminderung gekürzt werden, weil sich niemand mehr um Ihr Haus kümmert. Hier muß entweder eine zuverlässige Person vor Ort sein, oder Sie übergeben die Verwaltung des Hauses einer professionellen Hausverwaltung. Auch Ihre Renditeerträge sollten nicht zu riskant. Lieber sichere, niedriger rentierende Anlageformen wählen, als hochrentable, riskante Geldanlagen. Sie müssen immer damit rechnen, daß Sie unter Umständen nicht entsprechend schnell beispielsweise auf einen Aktiencrash vom Ausland aus reagieren können. Deshalb sollten Sie lieber auf der sicheren Seite bleiben.

Doch auch als normaler Arbeitnehmer haben Sie guten Chancen auf ein zweites Standbein im Ausland.

"Leute die niemals Zeit haben, tun am wenigsten."
Georg Christoph Lichtenberg, Physiker und Schriftsteller, 1742-1799

Der Job in Deutschland

Der Job in Deutschland ist zwar für die meisten alles andere als eine Erfüllung oder ein sinnvoller Lebensinhalt, jedoch haben viele eine geradezu panische Angst sich eine Alternative aufbauen. Dabei geht es zuerst gar nicht darum, den oft ungeliebten "Job" hinzuschmeißen, sondern darum nach und nach eine Alternative aufzubauen. "Zweites Standbein im Ausland" heißt, daß zuerst ein besserer Urlaubssitz in einem zukunftsträchtigeren Land begründet wird - die bisherige Arbeit bleibt im gewohnten Umfang bestehen. Im weiteren Verlauf ist zu überlegen, ob der Aufenthalt am Auslandsdomizil nicht auf 183 Tage im Jahr ausgebaut wird, um Steuern in Deutschland einzusparen (siehe Steuertip S. 60). Dann kann der bisherige "Job" auf Teilzeit umgestellt werden. Dabei sind Sie allerdings auf den guten Willen des Arbeitgebers angewiesen. Zwar gibt das "Gesetz über Teilzeit" in Paragraph 8 dem Arbeitnehmer das Recht, eine Vollzeitstelle in eine Teilzeitstelle zu verwandeln, jedoch muß der Arbeitgeber nur dann zustimmen, wenn "betriebliche Gründe dem nicht entgegenstehen". Das bedeutet, daß es einen eigentlichen Anspruch darauf nicht gibt. Zudem gilt das Gesetz in Betrieben unter 15 Beschäftigten nicht. Trotzdem haben sich in vielen Großbetrieben (ab 200 Mitarbeiter) und im öffentlichen Dienst inzwischen Regeln zur Handhabung herausgebildet, die es dem Arbeitnehmer ermöglichen sollen, die Arbeitszeit zu verringern. Wenn Sie nicht eine besonders wichtige Funktion im Betrieb einnehmen und zudem noch in einem Großunternehmen oder im Öffentlichen Dienst beschäftigt sind, sollte es keine großen Hindernisse dafür geben, Ihre Arbeitszeit zu reduzieren - besonders, wenn Sie den Arbeitgeber auf die eingesparten Kosten und darauf hinweisen, daß Sie dann zu Hause mehr arbeiten können. Mit etwas Verhandlungsgeschick läßt es sich machen, ein halbes Jahr gar nicht, das andere Halbjahr voll zu

arbeiten, oder in Vierteljahrabschnitten die Arbeit zu verrichten.
Durch eingesparte Steuern und billige Lebenshaltung beim zweiten Standbein wird dann unter Umständen schon der gesamte Verdienstausfall wieder kompensiert. Zudem haben Sie dann genug Zeit, sich im Auswanderungsland einzuleben, bzw. Ihr Domizil im Ausland auszubauen. Nach einiger Zeit können Sie - müssen jedoch nicht - Ihren Lebenssitz ganz auf das Auswanderungsland verlegen. Dies gilt vor allem dann, wenn inzwischen die Finanzen gesichert, neue Geschäftsverbindungen aufgebaut oder Sie entdeckt haben, daß bei den geringen Lebenshaltungskosten beim zweiten Standbein das Leben auf lange Sicht hin ohne Arbeit gesichert ist. Entdecken Sie jedoch, daß die Finanzen nicht reichen oder es Ihnen nach einem halben Jahr im Ausland nicht gefällt, so können Sie Ihre Arbeitszeit mit etwas Verhandlungsgeschick wieder auf das alte Niveau erhöhen und das Auslandsdomizil zu einem Urlaubssitz verwandeln.
In jedem Fall sind mit diesem Vorgehen eine ganze Reihe von Vorteilen verbunden: Einmal behalten Sie Ihre gewohnte Arbeitsstelle und damit Ihr gewohntes regelmäßiges Einkommen. Es ist nicht nötig, sich von einem zum anderen Tag auf völlig andere, vielleicht zunächst unsichere, Verhältnisse umzustellen. Zum anderen bauen Sie sich zu Ihrem bisherigen "Job" eine Alternative auf. Selbst wenn Sie ihre Arbeitsstelle verlieren sollten, haben Sie immer noch Ihr zweites Standbein im Ausland, wo sie durch die günstigen Lebenshaltungskosten jederzeit problemlos mit Ersparnissen leben können. Dadurch erlangen Sie gegenüber Ihrem "Chef" eine bedeutend bessere Verhandlungsposition, da Sie sich ab sofort nicht mehr von irgendwelchen Kündigungsdrohungen einschüchtern lassen müssen. Wie Ihr Chef auf Ihren Halbtagsvorschlag reagieren wird, kann Ihnen letztlich gleichgültig sein - er fragt Sie auch nicht, wenn er Ihre Stelle wegrationalisiert oder Ihnen Arbeiten aufbrummt, die er nicht im Traum machen würde. Sie können ihm vielleicht sagen, daß Sie aus gesundheitlichen Gründen oder wegen Ihrer Familie diesen Schritt unternehmen müßten. Am besten verweisen Sie immer darauf, daß Sie

durch diese Regelung dann noch mehr für Ihren Betrieb tun können, da Sie mehr Zeit finden.
Nicht zu vergessen ist die Sicherheit, die Sie in Krisenzeiten durch diese Alternative erlangen. Auch Ihr Selbstbewußtsein verbessert sich nachhaltig, spätestens dann, wenn Sie einmal längere Zeit die Freiheiten in einem anderen Land erlebt haben. Als einziges Risiko steht dem gegenüber, daß Sie im schlimmsten Fall Geld in ein Projekt investierten, das dann doch nicht hält, was Sie sich von ihm versprachen. Das ist ein im Vergleich zu dem, was das Arbeitsleben in Zukunft von uns abverlangen wird, kleines Risiko. Dies ist Ihr Leben - machen Sie das Beste daraus!

Finanzierung durch günstigere Lebensführung

Was die meisten beim Gedanken an ein zweites Standbein im Ausland ganz vergessen, ist, daß den Mehraufwendungen dort auch teilweise erhebliche Ersparnisse in Mitteleuropa gegenüberstehen. Dabei kommt es natürlich darauf an, in welches Land Sie gehen. In den meisten Auswanderungsländern sind die Lebenshaltungskosten jedoch wesentlich kleiner als in Mitteleuropa. Jeder Aufenthalt am zweiten Wohnort ist dann schon automatisch mit Ersparnissen in der alten Heimat verbunden. Die Finanzierung des Domizils im Ausland erfolgt also dann über drei Faktoren:

- über Einnahmen aus der alten Heimat wie bspw. Einkommen aus einer Arbeitsstelle, einer Rente, Kapitaleinkünften, Mieteinnahmen oder einer selbständigen Tätigkeit und auf der anderen Seite durch
- Ersparnisse in der alten Heimat durch den Aufenthalt in einem günstigen anderen Land.
- Dazu kommen dann noch evtl. Einnahmen im Zielland, auf die man jedoch anfangs nicht zu sehr bauen sollte.

Die Ersparnisse in der alten Heimat kommen dadurch zustande, daß beispielsweise der Unterhalt, Heizkosten und Miete,

für eine teure Wohnung wegfällt, weil diese für die Zeit des Aufenthaltes über eine Mietwohnzentrale weitervermietet wird. Das Auto kann samt Versicherung abgemeldet werden. Ebenso wird die private Krankenversicherung durch eine kleine Anwartschaft ausgesetzt und gegen eine günstige Auslandskrankenversicherung ersetzt (S. 140). Andere Versicherungen, welche meist im Ausland gar nicht gelten, können Sie auch gleich reduzieren. So haben viele Leute zwar alle möglichen unnötigen Versicherungen, wie beispielsweise eine Sterbeversicherung, jedoch keine Haftpflichtversicherung, welche weltweit gilt. Auch das Telefon kann beruhigt für die entsprechende Zeit abgemeldet werden. Dazu kommt die insgesamt billigere Lebenshaltung (vorausgesetzt, man wählt ein entsprechend günstiges Land) über preisgünstigeres Benzin, billigere Lebensmittel und Fahrten etc.. Allerdings gelten die günstigen Lebenshaltungskosten oftmals auch nur dann, wenn Sie die landesüblichen Lebensmittel verwenden. Wollen Sie jedoch unbedingt Produkte aus Deutschland, so fallen für diese Importwaren auch teilweise horrende Preise an. So kostet beispielsweise das Original Nutella-Glas in Paraguay zwischen acht und zehn Euro!
Was viele auch vergessen, sind Einsparungen durch eine günstigere Besteuerung.

*Steuertip*s
Wenn Sie beispielsweise Ihren jetzigen Vollzeit-Job in eine Teilzeitstelle verwandeln, dann verdienen Sie brutto auch nur noch die Hälfte. Der Vorteil liegt darin, daß Sie jetzt auch in eine viele günstigere Progressionsstufe bei der Steuerveranlagung kommen - Sie haben also netto weit mehr als die Hälfte. Würden Sie beispielsweise jetzt brutto 30.000 Euro Vollzeit im Jahr verdienen, dann müßten Sie dafür (wenn keine Werbungskosten geltend gemacht werden) etwa 5400 Euro Steuern zahlen. Reduzierten Sie hingegen Ihren Job auf eine Halbtagsstelle, dann verdienten Sie zwar brutto nur noch die Hälfte (15.000 Euro im Jahr), müßten jedoch nur noch 1000 Euro Steuern bezahlen. Das ergibt eine Steuerersparnis von 4400 Euro im Jahr – bzw. 2200 Euro bezogen auf die halbe Arbeitszeit.

Dazu kommt: Wer sich mehr als 183 Tage im Jahr im Ausland aufhält, ist für die Einkünfte aus Deutschland nur noch beschränkt steuerpflichtig und wird pauschal mit 25 Prozent oder normal mit Steuererklärung veranlagt (EStG §50-3). Einkünfte aus Kapitalvermögen (Zinseinkünfte) sind steuerfrei, wenn sie aus Anleihen oder im Schuldbuch eingetragenen Forderungen kommen. Etwas anderes trifft zu, wenn zwischen dem Auswanderungsland und Deutschland ein Doppelbesteuerungsabkommen gilt, dann ist der Auswanderer welcher mindestens 183 Tage im Jahr beim zweiten Standbein verweilt, nur im Zielland steuerpflichtig. Da in vielen Auswanderungsländern erheblich geringere Steuern erhoben werden, zudem oft noch Einkünfte aus Deutschland völlig steuerfrei sind, macht sich schon ein nur teilweiser Aufenthalt im Ausland spürbar bemerkbar. Es ist also oftmals günstiger, wenn ein Doppelbesteuerungsabkommen zu Deutschland besteht und Sie im Zielland besteuert werden (Liste der Länder mit Doppelbesteuerungsabkommen siehe Anhang S. 149).
Was noch als weitere Ersparnis hinzukommt, ist die Steuerersparnis, wenn Sie im Ausland ein Unternehmen gründen, welches seinen Sitz jedoch in Deutschland hat, also auch hier zur Steuer veranlagt wird. Die gesamten Kosten zum Aufbau des Betriebes (Flugkosten, Gebäude) samt Übernachtungspauschale und Pauschale für Mehrverpflegung können Sie dann von der Steuer absetzen. Lassen Sie sich darüber hinaus noch freiwillig zur Umsatzsteuer veranlagen, dann können Sie auch die gesamte bezahlte Umsatzsteuer rückerstattet bekommen, soweit die Aufwendungen im Zusammenhang mit Ihrem Unternehmen stehen. Voraussetzung dafür ist selbstverständlich, daß das Unternehmen plausibel ist, also auch wirklich existiert. Ebenso müssen die geltend gemachten Kosten auch in einem direkten Zusammenhang mit dem Betrieb stehen. Sie können also nicht ihren privat gekauften Fernseher über den Betrieb von der Steuer absetzen. Am besten lassen Sie sich von Ihrem Steuerberater helfen. Als selbständige Tätigkeiten kommen unzählige Möglichkeiten in Betracht, wie beispielsweise Zimmervermietung, Reisevermittlung (nicht Reiseveranstaltung, sonst unterliegen Sie dem strengen deutschen Reiserecht), Fahrradverleih, Motorradverleih, eine Im-

port/Exportfirma, ein kleines Immobilienmaklerbüro etc.. Ein weiterer Vorteil eines Unternehmens ist die häufig leichtere Einreise ins Zielland. Viele Länder fordern sogar einen Nachweis darüber, daß Sie im Land tätig sind, da ist die Unternehmensgründung eine wirkungsvolle Einstiegshilfe.
Zählt man nur diese Ersparnisse zusammen, kommt schon ein erkleckliches Sümmchen zusammen. Im späteren Verlauf ergeben sich dann am Zielort auch interessante Einkommensmöglichkeiten, indem man z.B. mit einem deutschen Reisebüro zusammenarbeitet und für Touristen Unterkünfte anbietet oder Fahrräder vermietet und Dienstleistungen mit überall bekannter deutscher Qualität anbietet usw.. Mit diesen Einkünften sollten Sie jedoch nicht gleich am Anfang rechnen, da es auch schnell passieren kann, daß die angebotenen Dienste doch nicht so stark nachgefragt werden, wie Sie sich das vorgestellt haben. Primär sollte die Finanzierung von Einkünften aus Deutschland und Ersparnissen in der alten Heimat gesichert werden.
Wie die Bilanz am Ende aussieht, hängt entscheidend davon ab, wie anspruchsvoll jemand ist. Wandern Sie beispielsweise in ein günstiges Land wie Paraguay aus und leben dort nach einem normalen Lebensstandard, so werden die Einsparungen den Verdienstausfall unter Umständen mehr als ausgleichen. Bauen Sie Ihr Domizil jedoch in einem luxuriösen Land wie beispielsweise Florida mit Golfspielen, exklusiven Restaurants etc. auf, dann wird die Bilanz negativ ausfallen - da hilft dann auch positives Denken nichts. Die Finanzierungsberechnung könnte also wie in Tab. 1 beschrieben aussehen (jeweils Beträge pro Jahr und netto, also nach Abzug der Steuern, Abgaben und fälliger Kosten; Annahme: Teilzeit, 15000 Euro Bruttoverdienst (Vollzeit 30000 Euro brutto), Aufenthalt ein halbes Jahr in Deutschland, ein halbes Jahr beim zweiten Standbein, eine Person, ledig, Steuerveranlagung in Deutschland, privat krankenversichert).

Verdienstausfall durch Teilzeitarbeit, netto	10000 Euro
- Steuerrückerstattung (1/2 Jahr Arbeit)	2200 Euro
- Mietkostenersparnisse	3000 Euro
- Ersparnisse für Krankenversicherung	1300 Euro
- Ersparnisse durch günstigere Lebenshaltung	3000 Euro
- Ersparnisse durch Autoabmeldung	500 Euro
- sonstige Ersparnisse	500 Euro
+ Flugkosten	1000 Euro
+ Unterhaltskosten f. den Auslandssitz	1500 Euro
+ sonstige Kosten für den Auslandssitz	2000 Euro
Einkommensverlust	4000 Euro

Tabelle 1: Finanzierungsbeispiel

Mit anderen Worten: Aus einem anfänglichen Nettoverdienstausfall von 10000 Euro wurde durch die Ersparnisse ein realer Verlust von 4000 Euro. Dafür muß jedoch nur noch die halbe Arbeitszeit aufgewendet werden – man gewinnt also überproportional an verfügbarer Lebenszeit. Nicht berücksichtigt wurden in dieser Rechnung die Investitionskosten am Anfang. Die Höhe dieser Kosten hängt sehr von den persönlichen Ansprüchen ab. Würde man auf diese noch einen Zinsverlust einberechnen, so könnte ein Teil der Ersparnisse wieder aufgefressen werden. Mietet man hingegen auch im Zielland sein zweites Standbein nur nach Bedarf an, so entfallen auch die Investitionskosten.
Ein weiterer Nachteil sind die geringeren Beiträge in die Rentenversicherung, aus der sich später dann auch eine kleinere Rente ergibt. Sieht man jedoch, daß dieses System ohnehin bald in der Krise sein wird, so sind die dort eingesparten Beiträge beim zweiten Standbein besser investiert.

Als Grundsätze für die Finanzierung gelten, daß

- die Einnahmen aus der alten Heimat so hoch wie möglich sein sollen,

- die Lebenshaltungskosten im Zielland so klein wie möglich sein sollen und
- laufende Kosten und Steuern in Mitteleuropa und dem Auswanderungsland möglichst gering sein sollen.

Selbst wenn die Bilanz etwas negativ ausfällt, müssen Sie immer noch die "Erfahrungsbilanz" dagegen aufrechnen, weil Sie durch die Aktion erhebliche Erfahrungen sammeln. Zusätzlich müssen Sie die bessere Lebensqualität und auch die Sicherheit sehen, daß Sie jederzeit sich an einen Alternativort zurückziehen können, wenn "Old Germany" und die ganze EU einmal in Bedrängnis gerät.

Chancen bei Arbeitslosigkeit
Wenn Sie arbeitslos sind und schon Arbeitslosengeld bezogen haben, dann können Sie beim Arbeitsamt ein sogenanntes "Überbrückungsgeld" beantragen. Dazu müssen Sie ein glaubwürdiges Finanzierungskonzept erstellen und durch die IHK, die Handelskammer oder eine Bank prüfen lassen. Ist Ihr Konzept schlüssig, so können Sie vom Arbeitsamt sechs Monate dieses Überbrückungsgeld in Höhe des vormaligen Arbeitslosengeldes plus 68 Prozent Zuschuß für Sozialleistungen erhalten. Allerdings müssen dafür Mittel im Haushalt des jeweiligen Arbeitsamtes vorhanden sein. Schwieriger wird es, wenn Sie einbezahlte Gelder von der Rentenversicherung zurückerstattet haben möchten:

Rückerstattung von Rentenbeiträgen
Da unser Altersversorgungssystem, wie heute schon klar ist, in Zukunft kaum mehr in der heutigen Form weiterexistieren kann und es zu merklichen Leistungseinschnitten kommen muß, wäre es interessant, wenigstens die eingezahlten Beiträge zurückerstattet zu bekommen. Dies ist für Auswanderer möglich, welche ihren Wohnsitz auf Dauer in einen anderen Staat verlagern möchten - das EU-Ausland zählt dabei nicht. Bedingung ist dabei, daß der Antragsteller

- nicht mehr der Sozialversicherungspflicht in Deutschland unterliegt

  und
- er nicht berechtigt zur freiwilligen Rentenversicherung ist.

Den ersten Punkt erfüllt schon jeder, der nicht mehr in Deutschland abhängig beschäftigt ist - der Haken liegt bei der zweiten Voraussetzung. Diese kann eigentlich nur erfüllen, wer die deutsche Staatsbürgerschaft nicht besitzt bzw. ablegt. Eine Ausnahme gilt nur für diejenigen, welche insgesamt weniger als 60 Monate überhaupt Beiträge einbezahlt haben. Dann ist es möglich, sich die Beiträge durch einen Antrag bei der Bundesanstalt für Angestellte BfA mit einer Frist von zwei Jahren auszahlen zu lassen. Dabei geht es oft um ganz ansehnliche Summen, die sinnvoll in das ausländische Standbein investiert werden können.
Vom Ablegen der deutschen Staatsbürgerschaft ist allerdings abzuraten, da diese nicht mehr so schnell wiederzuerlangen ist und Sie sich dann an Ihr Einwanderungsland auf Gedeih und Verderb binden. Es gibt Aussteiger, welche das vormalige Zielland wieder verlassen mußten. Ohne deutsche Staatsangehörigkeit wären sie buchstäblich "ohne Land" dagestanden, also staatenlos gewesen, und hätten illegal einreisen müssen.

Banken im Zielland
Bei der Finanzierung ist es auch wichtig, daß Sie niemals größere Beträge auf einem Konto eines Schwellenlandes stehen haben sollten. Einmal besteht in solchen Ländern immer das Risiko, einer Währungs-Entwertung durch Inflation, die Möglichkeit eines Wechselkurs-Verfalls oder einer Bankpleite. Andererseits ist das Bankgeheimnis in vielen Ländern auch nicht so streng wie bei uns. Da kann es passieren, daß ein Bankangestellter die Konten kontrolliert und an eine Verbrecherbande weitermeldet. Diese versucht Sie dann als vermeintlich "reichen Europäer" auszunehmen. Auch horrende Gebühren für Ihr überwiesenes Geld durch die ausländische Bank sind schon häufig vorgekommen.

Das Beste ist, das Konto nach wie vor in Deutschland zu unterhalten und die Beträge zum Lebensunterhalt aus dem Geldautomaten zu holen. Sehr bewährt hat sich hier die "Postbank-Sparcard", also das Sparbuch der Post auf einer Geldkarte. Damit können Sie pro Karte bis zu vier Geldentnahmen im Jahr aus Geldautomaten im Ausland tätigen, ohne Gebühren und zum günstigen Devisenkurs. Ab der fünften Geldentnahme fallen Gebühren von jeweils 5,50 Euro an. Eröffnen Sie noch mehrere solcher völlig kostenloser, gebührenfreier Karten, dann haben Sie viele Möglichkeiten, sich an vielen Geldautomaten der Welt zu versorgen und das sicher und kostenlos - vorausgesetzt natürlich Sie haben auf dem Konto auch ein Guthaben.
Neben finanziellen Aspekten, spielen selbstverständlich auch eine Reihe von persönlichen Voraussetzungen eine Rolle.
Prüfen Sie, ob eine Finanzierung durch

- Einkünfte aus der Heimat
- Ersparnisse durch Auslandsaufenthalt
- günstigere Besteuerung
- Unternehmensgründung

möglich ist.

Persönliche Voraussetzungen

Wer persönlich ungebunden ist, der tut sich mit dem Auswandern oder zweiten Standbein im Ausland am leichtesten. Wer jedoch verheiratet ist und dazu noch Kinder hat, für den ist der Schritt schon erheblich schwieriger. Wichtig ist hier, daß der Lebenspartner die Entscheidung zum Auslandsdomizil voll und aus ganzem Herzen mitträgt. Wird jemand überredet, so kann dies unter Umständen später zu großen Spannungen führen. Wenn Kinder da sind, wird es noch komplizierter, da dann auch die schulische Weiterbildung berücksichtigt werden muß. Ganz anders sieht es wiederum aus, wenn statt eines endgültigen "Auswanderns", ein zweites Standbein im Ausland in Betracht kommt. Dann können Sie die Investition auch als bessere "Geldanlage" betrachten.

Bevor Sie darangehen, sich ein Land auf der Weltkarte auszusuchen, sollten Sie sich erst einmal darüber im klaren sein, welchen Stellenwert die obigen Punkte (mit einigen individuell zusätzlichen) in Ihrer eigenen Betrachtung einnehmen. Machen Sie sich erst einmal in Ruhe darüber Gedanken, was für Sie sehr wichtig ist und was weniger, werden Sie sich darüber klar, warum Sie ein anderes Land suchen. Wenn es darum geht, Geld zu verdienen, sehen die Prioritäten anders aus, als wenn Sie Ihren Alters-Ruhestand dort verbringen wollen oder Sie ein Land zum Ausweichen vor einer Krise suchen.
Sollten Sie sich über die Anforderungen und deren Stellenwert dann klar sein, dann können Sie daran gehen, verschiedene Länder (anfangs theoretisch) unter den folgenden Punkten zu vergleichen. Am Ende des Kapitels folgt nochmals ein Checkliste, nach der die aufgeworfenen Fragen zu jedem interessierenden Land bewertet werden können. Wo Sie Informationen zu jedem Punkt finden können, ist ebenfalls angegeben. Zu vielen Fragen bieten käufliche Atlanten oder das Computer-Programm „Microsoft Encarta" sehr gute Informationen, insbesondere zur Bevölkerungsdichte, den Klimazonen, Temperaturen zu verschiedenen Jahreszeiten, Niederschlägen, wirtschaftlichen Leistungen usw. und das für die ganze Welt. Damit allein lassen sich schon ganz gut Länder rein theoretisch erkunden und eine grobe Vorauswahl zu Ihren Kriterien treffen. Um Informationen zu den einzelnen Kriterien zu bekommen, ist das Internet die einfachste und schnellste Möglichkeit. Wer persönlich keinen Internetanschluss hat oder sich damit nicht auskennt, bittet am besten Bekannte oder Verwandte, die entsprechenden, genannten Seiten aufzurufen und auszudrucken. An erster Stelle der Anforderungen steht sicherlich die Möglichkeit überhaupt in das Land zu gelangen.

1. Möglichkeit zum Einwandern

Es nutzt nichts, wenn Sie das "ideale" Land finden und praktisch keine Möglichkeit hat, sich dort legal niederzulassen, bzw. wenn es praktisch unüberwindliche Hürden dafür gibt.

Schwierigkeiten macht hier die Einwanderung in Ländern wie Kanada, Neuseeland oder Australien. Eine leichte Möglichkeit dafür bieten demgegenüber einmal die gesamten EU-Staaten und bspw. Paraguay. Um an Informationen zum Thema "Einwandern" zu gelangen, hilft ein Blick ins Internet auf die Seite der jeweiligen Botschaft, bzw. eine Anfrage dort weiter.

- Anfrage bei der Botschaft über Einwanderungsbestimmungen

Ebenso entscheidend wie die Möglichkeiten zum Einwandern sollten selbstverständlich die Rechtssicherheit und der Schutz des Eigentums sein.

2. Rechtssicherheit und Schutz des Eigentums

Es ist ein schwerer Schlag, wenn Sie sich in einem fremden Land eine neue Existenz aufbauen und dann beispielsweise durch eine neue Regierung enteignet werden. Hier schneiden natürlich die EU Länder wieder relativ günstig ab, da hier ähnliche rechtliche Voraussetzungen gegeben sind.
Je weiter ein Land von Europa entfernt liegt, umso schwieriger wird es, sich über die Rechtssicherheit zu informieren. Informationen darüber finden Sie bei der

Schutzgemeinschaft für Auslandsgrundbesitz e.V.
http://www.schutzgemeinschaft-ev.de/neu/index.html
Tel. 07741-2131 Fax 07741-1662

Verbunden mit der Rechtssicherheit von Eigentum ist auch die politische Stabilität.

3. Politische und wirtschaftliche Stabilität

Das Regierungssystem im Zielland sollte selbstverständlich so gestaltet sein, daß unter normalen Bedingungen keine plötzlichen politischen Umstürze zu erwarten sind. In einer Krisenzeit ist ohnehin jeder Staat in Gefahr, die Kontrolle zu verlieren. Umso schlimmer wird es dann in Ländern sein, die schon heute politisch labil sind und immer an der Grenze zum Bürgerkrieg stehen, bzw. wo es heute schon Unruhen gibt. Keinesfalls sollten deshalb in einem Zielland große ethnische Feindschaften, wie beispielsweise zwischen Tamilen und Singhalesen auf Sri Lanka, vorherrschen.
Informationen dazu liefert ein Blick ins Internet oder die Anfrage, beim

Auswärtigen Amt
http://www.auswaertiges-amt.de/www/de/laenderinfos

Verbunden mit der politischen Stabilität ist die wirtschaftliche Lage eines Landes. In der Regel ist ein Staat umso stabiler, als seine Wirtschaft intakt funktioniert. Ob eine Wirtschaft intakt ist hängt wiederum davon ab, in welchem Maße sie unabhängig und wie hoch der Schuldenstand im Land ist. Generell ist es ein Zeichen für drohende Instabilität, wenn eine Nation an die Währung eines anderen Landes gekoppelt ist. Zu bedenken gibt hier, daß alle größeren Wirtschaftskrisen (Asien-, Brasilien-, Rußland-, Argentinienkrise) der letzten Jahre durch Währungsanbindungen (feste Wechselkurse meist zum US-Dollar) entstanden sind (mehr dazu im Buch "Geldcrash - So retten Sie Ihr Vermögen" S. 154). Indikator dafür, daß ein Land keine freie Währung besitzt, ist in der Regel, wenn eine Zweitwährung (bspw. der US-Dollar) neben der Landeswährung für Zahlungen verwendet wird. Der nächste wichtige Punkt ist die Verschuldung des Landes. Ist diese sehr hoch, so ist die Krisenanfälligkeit ebenfalls entsprechend. Indikator dafür ist meist ein sehr hohes Zinsniveau im Land. Je höher die Marktzinsen im Land sind, umso risikobehafteter ist auch die Wirtschaftslage dort. Sind die Zinsen gar über 15 Prozentpunkte, so gilt das Land als Risikokandidat. Ein weiterer Indikator für die Wirtschaftslage ist die Arbeitslosigkeit. Liegt diese über 20 Prozent, so ist das Land nicht stabil. Einen sehr guten Überblick über die wirtschaftliche Stabilität im allgemeinen gibt das Länderrating der Ratingagentur Moody´s. Die Ratings werden ständig aktualisiert und geben an, welches Risiko bestehen, daß in Staatsanleihen des Landes angelegtes Geld verloren gehen könnte. Die Ratingagenturen sind zwar in der Vergangenheit auch häufig danebengelegen und haben aufziehende Krisen nicht schnell genug erkannt und bewertet, trotzdem lassen sich dadurch ganz gut Länder in Bezug auf die wirtschaftliche Stabilität vergleichen. Dabei bedeuten die Ratingstufen folgende Sicherheit für Geldanlagen (Staatsanleihen) in einem Land:

Aa	exzellent
A	gut
Baa	ausreichend
Ba	fragwürdig
B	schwach
Caa	sehr schwach
Ca	extrem schwach
C	äußerst niedrig

Eine Untergruppierung erfolgt dann noch mit Zahlen.

Folgend einige Beispiele von Länderratings (Mitte 2002) mit fallender Bonität:

Deutschland	Aaa
Schweiz	Aaa
Ungarn	A3
Uruguay	Baa3
Brasilien	B1/B2
Paraguay	B2/B1
Kolumbien	Ba2
Argentinien	Ca

Wie schon im vorigen Kapitel zum Thema Wirtschaftskrise erläutert, werden früher oder später alle Länder in eine Schuldenkrise abrutschen. Jedoch werden heute schon schwache Staaten noch früher und schneller von einer Krise getroffen.

Im Internet können Sie die Ratings für alle Staaten abrufen unter http://www.moodys.com (Einfach Ländername eintragen)

Sie sollten sich folgende Fragen stellen:

- Gab es in dem interessierenden Gebiet in den letzten 10 Jahren Unruhen oder Bürgerkriege?
- Herrscht dort ein Militärregime oder eine Diktatur?
- Gibt es häufige Regierungswechsel und unplanmäßige Wahlen?
- Ist das Land mit seiner Währung an einen anderen Staat gebunden (meist US-Dollar)? Wird der US-Dollar als Zweitwährung benutzt?
- Ist das Land überschuldet? Ist das Zinsniveau über 15% für Staatsanleihen?
- Liegt die Arbeitslosigkeit über 20%?
- Wie ist das Länderrating? Aa = exzellent, C = äußerst niedrig

Verbunden damit sollte die einheimische Bevölkerung im gewünschten Einwanderungsland entsprechend freundlich zu Deutschen eingestellt sein.

4. Deutschfreundliche Gesinnung/Deutsche im Land

Länder, welche heute schon gegen Deutsche eingestellt sind, sind zu meiden. Unter Krisenbedingungen werden solche verdeckten Vorurteile dann noch zusätzlich angeheizt, was das Leben in einem solchen Land zur Hölle werden lassen kann. Zum Glück sind Deutsche in der Regel weltweit wegen ihrer Genauigkeit, Zuverlässigkeit und Fleiß gerne gesehen. Hier spielt auch eine wichtige Rolle, ob es bereits eine größere Anzahl von Deutschen im Land gibt, bzw. ob schon eine längere Einwanderungsgeschichte von Deutschen ins Zielland festzustellen ist. Je mehr Deutsche bereits dort leben und je weiter die Einwanderung dieser zurückliegt, umso mehr wird die einheimische Bevölkerung an die deutsche Mentalität gewöhnt sein. Zu diesem Punkt gehört auch die unmittelbare Nachbarschaft zum interessanten Grundstück oder zur Immobilie. Wie zuverlässig sind diese? Das hat vor allem dann Bedeutung, wenn das Objekt nur als zweites Standbein dient.

- Wichtige Einblicke gibt die Geschichte des Landes, im Lexikon oder im Internet.
- Wie hoch ist der Anteil von Deutschen oder deutschstämmigen im Land?
- Zuverlässige Nachbarn?

Wer Geld verdienen möchte, oder muß, für den ist auch interessant, welche Möglichkeiten es dort gibt im Zielland gibt.

5. Möglichkeit des Geldverdienens/niedrige Steuern und Abgaben

Vor allem für jemanden, der über kein regelmäßiges Einkommen aus Deutschland (z.B. Rente) verfügt, ist auch entscheidend, wie und in welcher Höhe er im Auswanderungsland seinen Lebensunterhalt bestreiten kann. Um hier Vergleiche anstellen zu können, darf nicht nur das Absoluteinkommen mit dem in Deutschland verglichen werden, sondern es muß auch mit dem dortigen Preisniveau in Relation gesetzt werden. Wenn jemand beispielsweise in Deutschland 3000 Euro brutto monatlich verdient und im Auswanderungsland realistisch gesehen "nur" 1000 Euro möglich sind, dann fährt er unter Umständen sogar besser, wenn er im Zielland kaum Steuern zahlen muß und das Preisniveau vielleicht nur halb so hoch wie im überteuerten Deutschland ist. Dazu kommt noch, daß die Steuern und Abgaben möglichst klein sein sollen, um nicht sofort wieder das sauer erarbeitete Geld an den Staat zu verlie-

ren. Damit Sie nicht mit Ihren Einkünften aus Deutschland nach §49 Einkommenssteuergesetz beschränkt mit pauschal 25 Prozent steuerpflichtig sind (wenn Sie mehr als 183 Tage im Jahr beim zweiten Standbein verweilen) sollte das Land einmal niedrige Steuern und zum zweiten ein Doppelbesteuerungsabkommen mit Deutschland haben.
Infos dazu bei der jeweiligen Botschaft oder in der Liste auf S. 149. Damit verbunden ist auch die Möglichkeit, überhaupt im Zielland arbeiten zu dürfen, bzw. die Gewerbefreiheit.

- Erlaubt das Zielland eine Arbeitsaufnahme?
- Ist Gewerbefreiheit gegeben?
- Ist das Verhältnis von Einkommen zu den Preisen besser oder schlechter als in Deutschland?
- Wie hoch ist die Steuer/Abgabenlast?

Damit verbunden sind auch die Preise im Zielland:

6. Günstige Grundstücks-, Immobilienpreise und Lebenshaltung

Sehr wichtig ist auch, daß das Preisniveau im Zielland wesentlich günstiger liegt als im überteuerten Deutschland. Was nutzt es Ihnen, wenn Sie zwar sein optimales Wunschland gefunden haben, jedoch an der finanziellen Realisierbarkeit scheitern? Sie dürfen hier nicht nur die reinen Kaufkosten für ein Grundstück oder eine Immobilie sehen, sondern müssen mindestens den gleichen Betrag nochmals für zusätzliche Anschaffungen einrechnen. Wichtig ist auch, die Bauvorschriften im Zielland zu kennen, sonst kann es Ihnen passieren, daß sich ein vermeintliches "Schnäppchen" als Reinfall erweist - dann nämlich, wenn Sie auf dem Grundstück gar nicht bauen dürfen.
Niedrige Lebenshaltungskosten sind auch wichtig, da Sie unter Umständen von Ihren Ersparnissen leben müssen, wenn Sie nicht gerade laufende Einnahmen aus Deutschland, wie beispielsweise eine Rente, erhalten. Je geringer das regelmäßige

Einkommen ist, bzw. je kleiner die Ersparnisse sind, umso wichtiger sind wiederum kleine Lebenshaltungskosten.

- Sind die Grundstückspreise wesentlich unter den deutschen Verhältnissen?
- Erlauben die Vorschriften einen Hausbau?
- Sind die Lebenshaltungskosten wesentlich unter dem deutschen Niveau?

Eine wichtige Frage ist auch, wie hoch die Zahl der Betrugsfälle, vor allem beim Grundstückskauf, bzw. wie hoch die Kriminalität ist allgemein.

7. Niedrige Betrugs- und Kriminalitätsrate

Es nutzt Ihnen wenig, wenn Sie ein "supergünstiges" Grundstück erwerben, bei dem sich später herausstellt, daß es gar nicht zu verkaufen war, der vermeintliche Verkäufer also gar nicht der Besitzer desselben war. Gerade solche Fälle kommen in vielen beliebten Auswanderungsländer häufig vor. Die beliebtesten "Maschen" der Betrüger sind im allgemeinen:

- Verkaufen ein- und desselben Grundstückes gleichzeitig an zwei oder mehrere Leute
- Verkauf eines anderen Grundstückes als dem besichtigten
- Verkauf eines Objektes, das dem "Verkäufer" gar nicht gehörte
- Fälschungen im Grundbuch
- Verträge mit Fang-Klauseln in fremder Sprache
- Verschweigen von Objekt-Mängeln oder Sonderauflagen

Infos über Betrügereien beim Grundstücks- oder Immobilenkauf sind bei der Schutzgemeinschaft für Auslandsgrundbesitz e.V.
http://www.schutzgemeinschaft-ev.de/neu/index.html
Tel. 07741-2131 Fax 07741-1662 erhältlich.

Beim Kauf eines Objektes in einem fremden Land sollten Sie sich unbedingt eines zuverlässigen Anwaltes bzw. Notars bedienen. Auch ein vereidigter Übersetzer ist nötig, um vor Übersetzungsfehlern sicher zu sein. Auskünfte können oft bei der dortigen Deutschen Botschaft eingeholt werden. Anschriften der jeweiligen deutschen Botschaften im Ausland im Internet:
http://www.auswaertiges-amt.de/www/de/laenderinfos/adressen/index_html

Dazu kommt noch, daß einem ein Grundstück wenig nutzt, wenn die allgemeine Kriminalität hoch ist und Ihr Haus während Ihres Aufenthaltes in Deutschland ausgeplündert wird. Ebenso schlimm ist es, wenn Sie ständig Angst haben müssen, im Zielland überfallen zu werden. Angaben zur Kriminalität im jeweiligen Land ist über das Auswärtige Amt im Internet beim Auswärtigen Amt zu bekommen.
http://www.auswaertiges-amt.de/www/de/laenderinfos

Achten Sie vor allem auf folgende Punkte:

- Zuverlässiger Notar, Rechtsanwalt beim Objektkauf
- Vereidigter Übersetzer
- Deutsche Botschaft als Hilfestellung
- Infos zur Kriminalität beim Außenministerium

8. Klima

Was nutzt es Ihnen, das ideale Land mit niedriger Bevölkerungsdichte, billigem Grundstück etc. zu finden und dann feststellen, daß das Klima unerträglich ist. So wäre, wenn man das Klima unberücksichtigt lassen würde, beispielsweise die Antarktis ideal, da man dort kostenlos Land besetzen kann, die Bevölkerungsdichte klein ist und deshalb eine Krise oder ein Krieg dort kaum zu befürchten wäre. Trotzdem sind die Lebensverhältnisse auf diesem Kontinent rein vom Klima her auf Dauer unerträglich. Das Klima spielt selbstverständlich auch eine Rolle bei der Möglichkeit zur Selbstversorgung. Im kalten

Norden Kanadas ist Selbstversorgung mit Pflanzenanbau schwieriger als beispielsweise in fruchtbaren Regionen Südamerikas. Angaben über Klimazonen finden sich in herkömmlichen Länderbeschreibungen, oder auf Klimakarten in Atlanten. Infos erhalten Sie also durch:

- Länderbeschreibungen
- Klimakarten

9. Infrastruktur

Es nutzt wenig, ein Grundstück im Ausland zu erwerben, welches Sie gar nicht erreichen können, weil dahin gar keine Straße führt. Hier gilt es allerdings zu bedenken, daß eine gute Verkehrsanbindung gleichzeitig auch wieder in Krisenzeiten die leichte Erreichbarkeit Ihres Domizils für Kriminelle oder Plünderer bedeutet. Hier ist sicher ein Kompromiß gefragt. Anders sieht es schon bei der Anbindung an das Strom- und Wassernetz aus: Mit heutiger Technik läßt kann sehr leicht darauf verzichtet werden, indem beispielsweise der Strom mit Solarzellen erzeugt wird oder das Wasser aus einem eigenen Brunnen stammt. Dies bedeutet dann auch gleichzeitig eine hohe Autarkie, wenn eine Krise kommt. Trotzdem muß auch daran gedacht werden, daß einmal der Aufbau viel leichter geht, wenn eine gewisses Maß an Infrastruktur vorhanden ist und später Ersatzteilbeschaffungen oder ähnliches nötig sind und es doch sehr umständlich sein kann, wenn Sie dazu eine Woche unterwegs sind. Etwas anders sieht es wiederum bei der Anbindung an das Telefonnetz samt der Möglichkeit für Internetnutzung aus. Da sich die wenigsten völlig von der Welt abkapseln wollen, ist eine Anbindung an die Welt mittels Telefon durchaus sinnvoll. Dies vermindert gleichzeitig auch die Gefahr, daß der Auswanderer unter Einsamkeit und fremder Umgebung zu leiden beginnt. Glücklicherweise ist die Anbindung an Telefon und Internet heute zunehmend auch in Schwellenländern beispielsweise über eine Funkverbindung möglich, so daß Autarkie und Verbindung zur Welt verbunden werden können. Die Infrastruktur eines interessanten Gebietes festzustellen, ohne es besucht zu haben, ist schwierig bis unmöglich. Eventuell kann die jeweilige Botschaft dazu Stellungnahmen abgeben. Letztendlich muß alles selbst in Augenschein genommen werden. Generell gilt: je dünner besiedelt eine Region, vor allem in Schwellenländern, ist, umso schlechter ist auch die Anbindung an eine Infrastruktur.

- Auskunft über die entsprechende Botschaft
- Besuch der Region

10. keine Überwachungsinfrastruktur

Vor allem in den Industrienationen wächst die Tendenz der jeweiligen Regierungen, die eigene Bevölkerung zu kontrollieren. Zu bevorzugen sind deshalb Länder, in denen heute noch keine Infrastruktur für die Überwachung vorhanden ist. Das heißt: Je weniger heute dort mit Computern gearbeitet wird, je schlechter die Polizei technisch ausgerüstet ist, umso geringer ist die Gefahr, daß sich ein moderner Überwachungsstaat etablieren läßt. Hinweise darauf geben die Formalitäten beispielsweise bei der Einreise als Tourist. Wird hier schon professionell mit Scannern etc. gearbeitet, dann kann von einem hohen Perfektionierungsgrad hin zum Überwachungsstaat ausgegangen werden. Auch die Arbeitsweise der Polizei im Inland bringt weitere Aufschlüsse: Wenn diese mit modernen Polizeiautos und Elektronik ausgerüstet ist, fehlen zum modernen Schnüffelstaat nur noch die entsprechenden Gesetze. Wird hingegen noch altertümlich, ohne Elektronik, gearbeitet, ist die Gefahr nicht so groß. Das Gleiche gilt für die Bürokratie: Wird in den Behörden mit Computern gearbeitet, ist das Kontrollnetz schon weit entwickelt, wird hingegen noch mit Akten hantiert, ist die Gefahr noch klein.

- Einreiseformalitäten geben Aufschlüsse
- Arbeitet die Polizei mit moderner Elektronik?
- Hantieren die Behörden mit Akten oder arbeiten sie mit Computern?

Eine der wichtigsten Überlegungen, wenn Sie an ein zweites Standbein im Ausland als Krisenabsicherung denken, ist die Bevölkerungsdichte des Einwanderungslandes.

11. kleine Bevölkerungsdichte

Je höher die Bevölkerungsdichte ist, umso mehr Schwierigkeiten wird das Land in einer Krisenzeit haben. Während sich eine kleine Anzahl Menschen noch beispielsweise selbst versorgen kann, ist dies bei einer großen Menschenansammlung auf geringem Raum nicht mehr möglich. Entsprechend wachsen dann auch die Spannungen, und es kommt zu Unruhen, Kriminalität und Plünderungen. Verstärkt wird das Problem, indem von vornherein die Neigung zu Gewalt bei hoher Bevölkerungsdichte viel größer ist als bei kleiner. So zeigten beispielsweise Versuche mit Ratten deutlich, daß das Aggressionspotential mit der Populationsdichte ansteigt. Nochmals sei darauf hingewiesen, daß auch die Kriminalitätsrate parallel zur Bevölkerungsdichte ansteigt.
Generell gilt der Grundsatz: Je weniger Leute, umso weniger Ärger! Weltweit ist heute die Bevölkerungsdichte verschieden verteilt (Abb. 9).

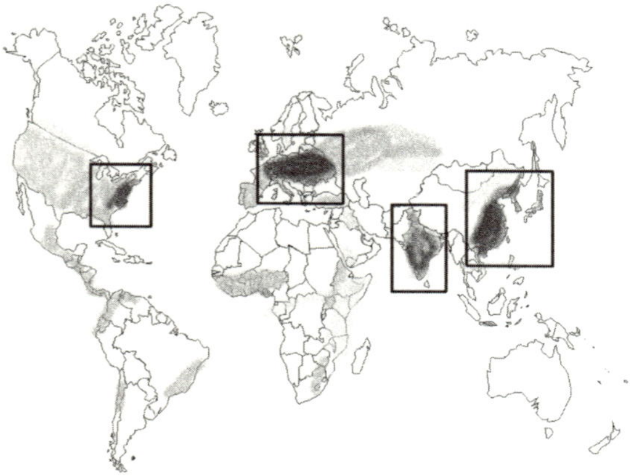

Abb. 9: Bevölkerungsdichte weltweit *(je dunkler die Fläche, umso höher die Bevölkerungsdichte)*

Wie deutlich wird, ist die Konzentration der Menschen am höchsten in:

- China im Osten
- Indien
- Südostasien
- Mitteleuropa
- USA, Ostküste
- Mittelamerika

Eine mittlere Bevölkerungsdichte findet sich in:

- Südeuropa
- Nordeuropa
- USA, Westen

Als interessante Regionen mit niedriger Einwohnerdichte kommen in Frage:

- Zentral-Südamerika
- Südost-Afrika
- Australien
- Neuseeland
- Kanada

Gemeinsam haben alle Länder, daß sich die Masse der Einwohner in den Städten konzentriert. Städte sind deshalb als zweites Standbein immer zu meiden. Angaben über die Bevölkerungsdichte liefern im allgemeinen schon Landkarten des Zielgebietes: Sind dort die Orte konzentriert oder besteht ein engmaschiges Straßennetz, dann können Sie davon ausgehen, daß das Gebiet auch eine hohe Bevölkerungsdichte hat. Da nicht nur die Bevölkerungsdichte in dem Gebiet direkt eine Rolle spielt, sondern auch die Nähe zu dichtbevölkerten Regionen, wie Städten, liefert auch hier die Landkarte nützliche Hinweise. Befindet sich im Umkreis von 200 km ein Ballungsgebiet, so mindert das die Bedeutung der interessanten Region.

Infos über die Bevölkerungsdichte im Internet:
http://www.citypopulation.de/staedte.html

- Landkarten liefern erste Informationen,
- Regionen mit eng zusammenliegenden Orten und Straßen meiden
- 200km weg vom nächsten Ballungsgebiet

Die militärische Wichtigkeit und Rohstoffvorkommen sind ebenfalls von Bedeutung:

12. ohne militärische Bedeutung und bedeutenden Rohstoffvorkommen

Sobald eine Wirtschaftskrise ausbricht, wächst oft die Tendenz eines Landes, die Schuld dafür bei den benachbarten Nationen zu suchen. Beispiele dafür sind heute Pakistan/Indien, Nord-/Südkorea, arabische Staaten/Israel oder China/Taiwan. Zu vermeiden sind deshalb Staaten, bei denen noch alte Feindschaften mit den Nachbarn bestehen. Desweiteren sollte das Zielland schon heute militärisch uninteressant sein. Für eine feindliche Macht darf es sich gar nicht lohnen, überhaupt auf die Idee zu kommen, dort einzumarschieren. Deshalb dürfen dort weder Reichtümer noch bedeutende Rohstoffvorkommen vorhanden sein. Aufschluß darüber finden sich wieder in entsprechenden Atlasausgaben zu Rohstoffen. Dazu gehört auch, daß das potentielle Auswanderungsland vor allem nicht mit der Nato oder den USA in Kampfhandlungen verwickelt sein sollte. Der Krieg der USA gegen "den Terror" wird zwangsläufig weltweit zu einem Haß gegen die an ihm beteiligten Staaten führen. Schnell könnten Sie sonst in Ihrem vermeintlich sicheren Auswanderungsland vom Regen in die Traufe kommen. Am besten sind neutrale Staaten. Die Schweiz zeigte exemplarisch, wie sich ein kleines Land durch bewußte Neutralität aus allen großen Konflikten heraushalten konnte. Ein Maß dafür, wie gefährdet eine Region durch einen kommenden Krieg ist, sind die Beträge, welche in den Rüstungsimport gesteckt werden. Im Jahr 2000 wurden weltweit Waffen im Werte von 29,3 Mrd Dollar (63 Mrd DM/32 Mrd Euro) ausgeliefert. 40 Prozent aller Waffen gingen nach Nahost. Größter

Waffenkäufer war Saudi-Arabien (10,5 Mrd Dollar), gefolgt von Israel (3,3). Weltweit liegen dann Vietnam (2,7), Ägypten (2,57) und Iran (2,43 Mrd Dollar) an der Spitze der Kundenländer. Es folgten als Waffenimporteure Südkorea und Indien.[43] Dazu kommt dann noch China mit seiner großen Importrate für Rüstung. Kriegsgefährdet ist damit in erster Linie der Nahe Osten samt Ägypten sowie alle Länder die angrenzen, also auch die Türkei oder die angrenzenden GUS Staaten. Des weiteren ist Asien mit Zentrum China, Indien und Korea riskant. Diese Regionen scheiden für die Auswanderung beinahe aus. Insbesondere sollten Sie sich folgende Fragen stellen:

- Gab es in dem Land in den vergangenen 20 Jahren einen Krieg?
- Verfügt das Land über bedeutende Rohstoffvorkommen?
- Ist das Land mit der Nato oder den USA verbunden?
- Hat das Land einen besonders großen Waffenimport?

Auch an Naturkatastrophen sollte gedacht werden.

13. Sicherheit vor Naturkatastrophen

Länder und Regionen, in welchen heute schon regelmäßig Naturkatastrophen stattfinden, sind zu meiden. Hier ist an erster Stelle die Erdbebengefahr zu berücksichtigen. Wie Abb. 10 (schwarze Bereiche) zeigt, liegen etliche Regionen direkt auf Spannungszonen. Hier sind vor allem Chile, Mittelamerika, die Westküste der USA, Südostasien, Italien, Griechenland und die Türkei zu erwähnen. Erdbebenzonen sollten am besten gemieden werden, zumindest muß dort erdbebensicher gebaut werden.

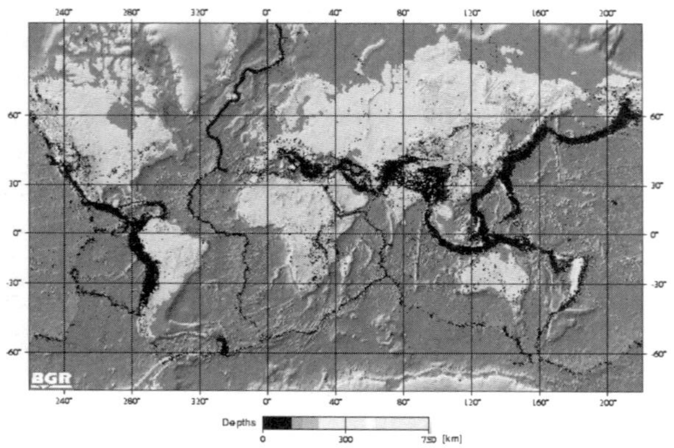

Abb. 10: Erdbeben weltweit (Quelle: Bundesanstalt für Geowissenschaften und Rohstoffe)

Informationen dazu im Internet

Seismic Data Analysis Center
http://sdac.hannover.bgr.de/web/sdac/beben/erdbeben.html

Vulkane bergen ebenfalls nicht kalkulierbare Risiken, gegen die es kaum Schutzmöglichkeiten gibt. Auch scheinbar nicht aktive Vulkane können urplötzlich wieder ausbrechen. Die wenigsten wissen beispielsweise, daß die Eifel-Vulkane in Deutschland erst seit 10.000 Jahren inaktiv sind - ein im Vergleich zur Erdgeschichte sehr geringer Zeitraum. Früher oder später werden diese Vulkane deshalb wieder ausbrechen. Die Gefahren durch Vulkane reichen von plötzlich ausbrechenden Giftgasen über Ascheregen bis zu Magmaströmen, die alles unter sich begraben und in Brand setzen.
Informationen dazu im Internet

http://volcano.und.nodak.edu/vwdocs/volc_images/volc_images.html

Was häufig unterschätzt wird, ist das Risiko eines Kometen- oder Asteroideneinschlages, der vorhandene tektonische

Spannungen löst, damit Erdbeben auslöst und Vulkane plötzlich ausbrechen läßt. Dabei ist nach der Wahrscheinlichkeitsrechnung ein Einschlag eines größeren Himmelskörpers schon überfällig und nur eine Frage der Zeit. Ob dies jedoch morgen oder erst in 10.000 Jahren passiert, kann niemand vorhersagen. Besorgniserregend ist in diesem Zusammenhang, daß es schon in den letzten Jahren zu mehreren Beinahe-Zusammenstößen von Himmelskörpern mit der Erde gekommen ist. In der Regel waren die Astronomen immer erst kurze Zeit vorher in der Lage, den Asteroiden überhaupt zu orten. Eine Frühwarnzeit für solch ein, zwangsläufig irgendwann stattfindendes Ereignis, ist deshalb äußerst gering. Sie sollten hier keine übertriebene Panik entwickeln, trotzdem kann es nicht falsch sein, Erdbebenzonen und Gebiete mit Vulkanen, sowie Küstenregionen (wegen der Flutwellen) zu meiden. Daneben sind auch Angaben über andere Naturkatastrophen, wie beispielsweise Überschwemmungen wichtig. Immerhin werden die größten Schäden bei Katastrophen durch Überflutungen angerichtet. Die Nähe zu Flüssen und Meeren sollte deshalb gemieden werden, wenn die Höhe des Wohnortes nur geringfügig über dem normalen Wasserspiegel liegt oder sogar darunter ist. Überflutung ist auch eine der Katastrophen, gegen die man nur schlecht Gegenmaßnahmen ergreifen kann. Deshalb ist eine weite Entfernung von Flüssen oder Meeren und eine hochgelegene Behausung zu bevorzugen. Keinesfalls sollten Sie sich auf Aussagen verlassen, daß es in einem Gebiet noch "nie" eine Überschwemmung gegeben habe. Nicht vergessen werden sollte die Klimaänderung durch Treibhausgase. Da ist es dann durchaus möglich, daß ein wasserreiches Land plötzlich austrocknet und ein wasserarmes überflutet wird. Auch die Sturmgefahr in einzelnen Ländern sollte beachtet werden. Hurrikan- und Taifun-Gebiete sind zu meiden. Wieder sind hier die Klimaänderungen in Zukunft zu bedenken, welche zu einer Verschärfung und Ausweitung der Probleme führen werden. In der Regel sind Meeresregionen in wärmeren Gebieten am stärksten gefährdet. Schutz dagegen ist im Prinzip möglich, wenn das Haus stabil gebaut wird und vor allem das Dach fest mit dem übrigen Haus verbunden ist.

Waldbrände sollten ebenfalls noch erwähnt werden. Oft schon haben Menschen ihr Hab und Gut durch großflächige Brände, wie beispielsweise in Australien vor einigen Jahren oder den USA im Jahr 2002, verloren. Schutz ist hier durch ausreichenden Abstand zu Brandzonen möglich. Einen Einblick in die Struktur des Landes geben vor allem auch Satellitenaufnahmen, welche zu jedem Land im Internet abrufbar sind:

http://visibleearth.nasa.gov/Countries/

Hier läßt sich erkennen, ob das betreffende Gelände überwiegend bewaldet ist oder sich in der Nähe von Flüssen befindet. Auch die Bevölkerungsdichte läßt sich abschätzen.

- Ist das Land tektonisch durch Erdbeben gefährdet?
- Gibt es im Land, bzw. in der Nähe Vulkane?
- Liegt das Land in Küstennähe?
- Gibt es eine Gefahr von Stürmen?
- Liegt die Region unterhalb der Höhe eines nahegelegenen Flusses, Meeres, Sees?
- Wie sieht die Brandgefahr im Umfeld aus?

In der Nähe eines Atomkraftwerkes oder von Industrieanlagen lebt es sich generell gefährlich. Insbesondere können die Auswirkungen von Naturkatastrophen dort noch schlimmer als sonstwo anders sein.

14. keine Gefahr durch Atomkraftwerke und Industrieanlagen

Sowohl bei Naturkatastrophen, aber erst recht im Krisen- und Kriegsfall bilden Atomkraftwerke oder Industrieanlagen wie Chemiewerke deshalb eine große Gefahr. Zudem könnten diese Anlagen zu einem Angriffspunkt für feindliches Militär oder Terroristen werden. Noch viel schlimmer als reine Krenkraftwerke sind atomare Zwischenlager. Diese sind weit weniger gegen Naturkatastrophen oder Angriffe von Terroristen abgesichert und beinhalten zudem eine weitaus größere Menge an nuklearem Material. Wichtig ist in jedem Fall, daß Sie keinesfalls in der Hauptwindrichtung dieser Anlagen Ihr Haus bauen. Abb. 11 zeigt die Verteilung von Atomkraftwerken weltweit (dunkle Punkte).

Abb. 11: Atomkraftwerke weltweit (Quelle: International Nuclear Safety Center, Argonne, USA)

Am günstigsten wäre eine Region, welche möglichst weit von Atom- bzw. Industrieanlagen entfernt liegt.

Infos zu Atomkraftwerken und deren Lage sind im Internet abrufbar:
http://www.insc.anl.gov/pwrmaps/map/world_map.html

- Liegt die Region, welche Sie interessiert, im 500km Umkreis zu einem Atomkraftwerk?
- Ist die nächste große Industrieanlage näher als 100km entfernt?

Wer an eine Krisensicherung denkt, sollte auch die Möglichkeit der Selbstversorgung nicht außer acht lassen.

15. Möglichkeiten der Autarkie

Nicht zuletzt, sollte das gewünschte Zielland die Voraussetzung für eine möglichst hohe Autarkie bieten. In erster Linie gehört zur Selbstversorgung die Gelegenheit zum eigenen Anbau von Pflanzen, bzw. der Tierhaltung. Entscheidend dafür sind neben dem Klima vor allem die Bodenqualität und die Wasserversorgung. Auch die Bodenfläche muß ausreichend sein. Man sollte für eine autarke Versorgung mit extensiver Bewirtschaftung mit mindestens einem halben Hektar pro Person rechnen. Zur Selbstversorgung kommt auch die autarke Energie- und Trinkwassergewinnung. Ist beispielsweise die Möglichkeit von durchgehender Solarstromerzeugung möglich, kommt man der Autarkie schon einen deutlichen Schritt näher. Ebenso sieht es gut aus, wenn das Wohngrundstück über eine eigene Quelle oder einen Brunnen zur Trinkwassergewinnung verfügt.

Zu diesem Thema gehört auch, daß die Bauvorschriften nicht zu rigide sind, um sich sein Wohnhaus entsprechend gestalten zu können. Wenig Sinn macht es beispielsweise, wenn es wie in Deutschland, nicht einmal gestattet ist, auf der eigenen Wiese einen kleinen Lagerschuppen zu errichten.

- Ist Solar-/Windstromerzeugung möglich?
- Ist eigenes Wasser vorhanden?
- Erlauben der Boden und das Klima eigenen Pflanzenanbau?
- Ist die Grundfläche für ein autarkes Leben groß genug?
- Erlauben die Bauvorschriften eine unabhängige Lebensweise?

16. Persönliche Anforderungen

Zu all den genannten Punkten kommen selbstverständlich noch persönliche Anforderungen, welche man hier nicht im Detail aufzählen kann. Ein Behinderter wird beispielsweise

völlig andere zusätzliche Kriterien an ein Land stellen als ein Gesunder. Alte Menschen brauchen ein anderes Umfeld als junge. Gleiches gilt für Familien mit Kindern usw..
Solche persönlichen Kriterien können für den einzelnen sehr wichtig sein und sollten deshalb ebenfalls gründlich durchdacht und berücksichtigt werden.

Zusammenfassung

Um das ideale Land für Sie zu finden, ist es nützlich sich darüber klar zu werden, welche Anforderungen an ein solches gestellt werden können. Diese reichen von niedrigen Steuern über ein gutes Klima bis zur Möglichkeit der Selbstversorgung. Dazu kommen dann noch persönliche Anforderungen. Es ist wichtig, daß Sie sich über Ihre Anforderungen im klaren sind, um das optimale Land zu finden.
Folgend im nächsten Kapitel eine Checkliste, um die einzelnen Länder bewerten zu können.

"Auch die längste Reise beginnt mit einem kleinen Schritt."
Chinesisches Sprichwort

Checkliste zur Bewertung einzelner Länder

Anhand dieser Liste können Sie nochmals die Fragen durchgehen, welche von Interesse sind. Am besten die Liste mehrmals kopieren und für verschiedene Länder nach theoretischer Information oder nach einem praktischen Besuch des Landes ausfüllen. Vergleichen Sie dazu am besten das jeweilige Land immer mit Ihrer jetzigen Heimat. Machen Sie dann ein Kreuz, ob die Bedingungen besser oder schlechter als an Ihrem jetzigen Wohnort sind. Aus den Beurteilungen können Sie dann für den jeweiligen Punkt eine Note (nach Schulnoten: 1 = sehr gut und 6 = ungenügend) vergeben. *Je mehr Fragen Sie zu den einzelnen Anforderungen mit "Ja" beantworten konnten, umso ungünstiger ist dieses Kriterium zu beurteilen - umso schlechter muß die Note ausfallen.* Die Noten werden dann im nächsten Kapitel für das Beurteilungsschema verwendet. Berücksichtigen sollten sie, daß ein Land unter Umständen aus völlig unterschiedlichen Regionen besteht, die später separat betrachtet werden sollten.

Gesundheitswesen Rechtsstaat

Universität

Kriterium	Frage	Ja	Nein	Note
Naturkatastrophe	Ist das Land tektonisch durch Erdbeben gefährdet? Gibt es im Land, bzw. in der Nähe Vulkane?			
Industrieanlagen	Liegt die Region im 500km-Umkreis zu einem Atomkraftwerk?			
Selbstversorgung	Ist Solar-/Windstromerzeugung, eigenes Wasser unmöglich? Erlauben der Boden und das Klima keinen eigenen Pflanzenanbau? Erlaubt die Grundfläche/Bauvorschriften kein autarkes Leben?			
Geldverdienen Steuern	Erlaubt das Zielland keine Arbeitsaufnahme? Ist Gewerbefreiheit nicht gegeben?			
Grundstückpreise Lebenshaltung	Sind die Grundstückspreise nicht unter den deutschen Verhältnissen? Erlauben die Vorschriften keinen einfachen Hausbau? Sind die Lebenshaltungskosten nicht unter dem deutschen Niveau?			
Kriminalität	Besteht im Land eine hohe Kriminalität? Gibt es verbreitet Betrügereien beim Grundstückskauf?			
Klima	Entspricht das Klima nicht Ihren Vorstellungen?			
Infrastruktur (Straßen, Wasser)	Besteht keine gute Infrastruktur (Strom, Wege, Wasser?			
Internet/Telefon	Besteht keine Möglichkeit für Internet- und Telefonanschluß?			

Kriterium	Frage	Ja	Nein	Note
Bevölkerungs- dichte	Liegen die Ortschaften und Straßen auf der Landkarte eng beieinander? Befindet sich das nächste Ballungsgebiet näher als 200km?			
Einwanderung	Sind die Einwanderungsbedingungen streng?			
Rechtssicherheit	Ist das Eigentum nur unzulässig geschützt?			
poli-tisch/wirtschaftliche Stabilität	Gab es in dem Gebiet in den letzten 10 Jahren Unruhen oder Bürgerkriege? Herrscht dort ein Militärregime oder eine Diktatur? Gibt es häufige Regierungswechsel und Wahlunregelmäßigkeiten? Ist das Land mit seiner Währung an einen anderen Staat gebunden (meist US-Dollar)? Wird der US-Dollar als Zweitwährung benutzt? Ist das Land überschuldet? Ist das Zinsniveau über 15$? Arbeitslosigkeit über 20%? Wie ist das Länderrating schlechter als Baa?			
Deutschfreund-lichkeit	Hat das Land keine deutsche Einwanderungstradition? Gibt es keinen wesentlichen Anteil von Deutschen oder deutschstämmigen im Land?			
Überwachungs-staat	Sind die Einreiseformalitäten automatisiert? Arbeitet die Polizei mit moderner Elektronik? Arbeiten die Behörden mit Computern statt mit Akten?			
Nicht von militäri-schem Interesse	Gab es in dem Land in den vergangenen 20 Jahren einen Krieg? Verfügt das Land über bedeutende Rohstoffvorkommen? Ist das Land mit der Nato oder den USA verbunden? Hat das Land einen besonders großen Waffenimport? Gab es die letzten 20 Jahren einen Krieg? Verfügt das Land über bedeutende Rohstoffvorkommen?			

"Die Straßen des geringsten Widerstandes sind nur am Anfang asphaltiert." Hans Kapser

Beurteilungsschema

Eine der größten Schwierigkeiten für potentielle Auswanderer ist es oft, sich für ein Land entscheiden zu können. Häufig ist man zwischen dem einen oder anderen Land, der einen oder anderen Region hin- und hergerissen und kommt zu keiner definitiven Entscheidung. Dabei betrachtet man im Kopf häufig nur einige wenige, momentan vielleicht markant erscheinende Gesichtspunkte, ohne eine ganzheitliche Bewertung der interessanten Länder untereinander vorzunehmen. Hier hilft es, ein Schema anzuwenden, in dem für jede Anforderung Noten vergeben und mit Faktoren nach der subjektiven Bedeutung gewichtet werden. Dann lassen sich Länder tatsächlich besser miteinander vergleichen.

Am wichtigsten ist es, daß Sie sich der Rangfolge der einzelnen Anforderungen bewußt werden. Man sortiert die Kriterien nach der Bedeutung für einen selbst. Wie die Rangfolge aussieht, das liegt einmal an der persönlichen Einschätzung und zum anderen daran, warum Sie überhaupt ein zweites Standbein im Ausland begründen möchten.

Dient dieses beispielsweise der Krisenvorsorge, so könnte die Rangfolge folgendermaßen aussehen (1. ist am unwichtigsten, 19. ist am wichtigsten):

1) Geldverdienst-Möglichkeit
2) niedrige Steuern, Abgaben
3) Schwierigkeit der neuen Sprache
4) Ähnlichkeit des Landes zur gewohnten Heimat
5) gute Infrastruktur
6) Telefon-, Internet-Anschluss
7) individuell empfundenes Klima
8) leichte Einwanderungsmöglichkeit
9) deutschfreundliche Bevölkerung/Deutsche
10) geringes Betrugsrisiko/Kriminalität
11) politische/wirtschaftliche Stabilität
12) niedrige Grundstückspreise/Lebenshaltungskosten

13) Möglichkeit der Selbstversorgung
14) Sicherheit vor Naturkatastrophen
15) keine militärische Bedeutung
16) geringe Überwachungsinfrastruktur
17) Rechtssicherheit des Eigentums
18) Atomkraftwerke/Industrieanlagen
19) kleine Bevölkerungsdichte

Beinahe umgekehrt sieht die Rangfolge aus, wenn Sie ein Land zum Geldverdienen suchen:

1) kleine Bevölkerungsdichte
2) Atomkraftwerke/Industrieanlagen
3) geringe Überwachungsinfrastruktur
4) Möglichkeit der Selbstversorgung
5) keine militärische Bedeutung
6) Sicherheit vor Naturkatastrophen
7) niedrige Grundstückspreise/Lebenshaltungskosten
8) individuell empfundenes Klima
9) Ähnlichkeit des Landes zur gewohnten Heimat
10) Telefon-, Internet-Anschluss
11) gute Infrastruktur
12) deutschfreundliche Bevölkerung/Deutsche
13) geringes Betrugsrisiko/Kriminalität
14) Schwierigkeit der neuen Sprache
15) Rechtssicherheit des Eigentums
16) leichte Einwanderungsmöglichkeit
17) politische/wirtschaftliche Stabilität
18) niedrige Steuern, Abgaben
19) Geldverdienst Möglichkeit

Noch etwas anders sieht es aus, wenn Sie beispielsweise als Rentner mit festen Bezügen einen ruhigen Alterswohnsitz suchen:

1) kleine Bevölkerungsdichte
2) Atomkraftwerke/Industrieanlagen
3) geringe Überwachungsinfrastruktur
4) Möglichkeit der Selbstversorgung

5) keine militärische Bedeutung
6) Sicherheit vor Naturkatastrophen
7) Geldverdienst Möglichkeit
8) deutschfreundliche Bevölkerung/Deutsche
9) geringes Betrugsrisiko/Kriminalität
10) gute Infrastruktur
11) Telefon, Internet
12) Schwierigkeit der neuen Sprache
13) Rechtssicherheit des Eigentums
14) leichte Einwanderungsmöglichkeit
15) Ähnlichkeit des Landes zur gewohnten Heimat
16) individuell empfundenes Klima
17) politische/wirtschaftliche Stabilität
18) niedrige Grundstückspreise/Lebenshaltungskosten
19) niedrige Steuern, Abgaben

Wichtig ist zu erkennen, daß die Rangfolge der Kriterien je nach persönlichen Gründen, warum Sie ein zweites Standbein möchten, verschieden sind. Dazu kommen dann noch persönliche Anforderungen. So wird etwa ein Behinderter ganz andere Forderungen wie etwa behindertengerechte Gehwege etc., stellen, als ein gesunder Mensch. Am besten Sie kopieren eine Kriterienliste, schneiden die Einzelkriterien aus und ordnen sie der Wichtigkeit nach Ihrer Meinung nach an. Dazu bringen Sie noch einige persönliche Anforderungen und reihen sie ebenfalls ein. Oben steht dann Ihr unwichtigstes Kriterium, unten das Wichtigste. Zählen Sie dann die Anforderungen durch, der oberste, unwichtigste Punkt bekommt die Nummer 1, der unterste, wichtigste die höchste Nummer (hier 19).
In dem Schema kann für jede Anforderung eine Bewertung vergeben werden. Diese wird dabei in Form von "Schulnoten" vergeben, also von Note 1 (sehr gut) bis Note 6 (unzureichend). Die Noten entnehmen Sie der Checkliste.
Da jeder an die einzelnen Punkte noch verschieden hohe Dringlichkeiten stellt, werden die Noten mit der Nummerierung der Wichtigkeit multipliziert. Dieser Anforderungs-Liste berücksichtigt dabei die individuellen Erwartungen im Bezug auf ein Zielland. Für den einen ist beispielsweise das Klima das Wichtigste, für den anderen eine kleine Bevölkerungsdich-

te - hier kann von vornherein keine allgemeingültige Aussage gemacht werden. Der Faktor reicht von 1 (nicht so wichtig) bis 19 (sehr wichtig) - dabei müssen die Faktoren-Ziffern 1 bis 19 alle verteilt werden. Bei einem Vergleich unterschiedlicher Länder und Regionen bleibt selbstverständlich die Rangfolge (bzw. Nummerierung) der Bewertungsfaktoren auf die Anforderungen immer gleich - sonst wäre ein objektiver Vergleich gar nicht möglich. Das Resultat ergibt die "gewichtete Bewertung". Bei wem also beispielsweise die leichte Einwanderungsmöglichkeit im Vordergrund steht, der wird einen Faktor von 19 eintragen und damit die Bewertungsnote für ein bestimmtes Land multiplizieren. Für Australien beispielsweise (in das eine Einwanderung mit großen Schwierigkeiten verbunden sein kann) wird dann beispielsweise eine Note 5 vergeben und wenn dieser Punkt entscheidend ist, mit 20 multipliziert - das Land erhält also allein durch diesen Teilaspekt schon 95 Gesamtpunkte. Es können in die Tabelle noch beliebig viele zusätzlich Anforderungen dazugenommen werden, wobei dann die zu vergebenden Nummern für jede neu hinzukommende Anforderung um 1 erhöht wird.
Am Ende werden die gewichteten Bewertungen für die einzelnen Anforderungen addiert. Je kleiner die Bewertungs-Gesamtsumme ist, umso besser ist das Land dann für die Auswanderung geeignet. Am besten machen Sie die Beurteilung für verschiedene Länder, vor allem aber auch für Deutschland, um richtig vergleichen zu können. Am besten gehen Sie noch von verschiedenen Szenarien aus. Suchen Sie ein Land, um eine Krise zu überdauern, dann wird die Rangfolge für die Kriterien eine andere sein, als wenn Sie ein Land suchen, um besser Geld verdienen zu können. Um Länder unter verschiedenen Umständen vergleichen zu können, stellen Sie am besten mehrere Schemata unter verschiedenen erwarteten Umständen auf.

Anforderungen	**Noten (1-6)**	**Nr. (1-x)**	**gewichtete Bewertung**
kleine Bevölkerungsdichte			
leichte Möglichkeit der Einwanderung			
Rechtssicherheit des Eigentums			
politische/wirtschaftliche Stabilität			
deutschfreundliche Bevölkerung			
geringe Überwachungsinfrastruktur			
militärische Bedeutungslosigkeit			
keine bedeutenden Rohstoffvorkommen			
Sicherheit vor Naturkatastrophen			
Atomkraftwerke/Industrieanlagen			
Möglichkeit der Selbstversorgung			
niedrige Grundstücks- und Lebenshaltungskosten			
geringes Betrugsrisko/Kriminalität			
individuell empfundenes Klima			
Geldverdienst-Möglichkeiten			
Niedrige Steuern, Abgaben			
Schwierigkeit der neuen Sprache			
Ähnlichkeit des Landes zur Heimat			
Infrastruktur (Verkehrswege, Strom, Wasser)			
Telefon-, Internet-Anschluss			
Bewertungs-Gesamtsumme			

Vorgangsweise für das Bewertungsschema

Um Länder besser und objektiver vergleichen zu können, ist es hilfreich, ein Schema zu benutzen. Gehen Sie dazu am besten folgendermaßen Schritt für Schritt vor:

- Kopieren Sie die Checkliste und das Bewertungsschema für jedes Land, welches Sie untersuchen wollen.
- Klären Sie die Fragen auf der Checkliste (S. 91) für jedes Land, welches Sie interessiert - alles im Vergleich zu Ihrer jetzigen Heimat.
- Geben Sie auf der Checkliste Noten (1 bis 6) für die Anforderungen.
- Kopieren Sie die Anforderungspunkte, schneiden Sie diese aus und sortieren Sie diese nach steigender Dringlichkeit. Ergänzen Sie eigene Anforderungen und sortieren Sie diese ebenfalls ein. Wenn eine Anforderung hier im Buch für Sie vollkommen unwichtig ist, können Sie diese auch weglassen.
- Schreiben Sie die Dringlichkeit (= Rangfolge der Anforderungen) in das Bewertungsschema. Dabei bedeutet höchste Dringlichkeit die Anzahl ihrer gesamten Anforderungen und die niedrigste entspricht 1. Übertragen Sie die Noten von der Checkliste in das Bewertungsschema.
- Multiplizieren Sie die Noten mit der Rangfolge der Anforderung, und schreiben Sie das Ergebnis in das Feld "gewichtete Bewertung".
- Summieren Sie die gewichteten Bewertungen.
- Vergleichen Sie die Summen verschiedener Länder (einschließlich Ihrer derzeitigen Heimat) miteinander - je höher diese ausfallen, umso ungünstiger das Land für Ihre Anforderungen.
- Machen Sie die Reihenfolge der Anforderungen am besten für verschiedene Szenarien - bedenken Sie, was in Zukunft passieren könnte und was dann wichtig wäre.

Beispiel: Angenommen es gibt 19 Anforderungen und für jemanden ist eine kleine Bevölkerungsdichte am wichtigsten, dann bekommt dieses Kriterium die Nummer 19 in der Rangfolge der Anforderungen. Für ein betreffendes Land läßt sich beispielsweise die Note 2 für die Bevölkerungsdichte vergeben. Die Berechnung sieht dann so aus: Note 2 x 19 = gewichtete Bewertung 38. Genauso geht es nun mit den anderen Punkten weiter. Beispielsweise wäre der zweitwichtigste Punkt für mich die Anforderung an wenig Atom/Industrieanlagen. Dieses Kriterium bekommt also nun die Nummer 18 in der Rangfolge der Anforderungen. Wenn die Note in dem betreffenden Land dafür vielleicht eine 3 wäre, dann ergibt sich folgende Berechnung: Note 3 x 18 = gewichtete Bewertung 54 usw. usf.. Weitere Beispiele mit verschiedenen Ländern finden Sie auf S. 133.
Haben Sie durch theoretische Betrachtung Ihr optimales Land gefunden, sollten Sie dorthin eine Urlaubsreise unternehmen. Erst wenn Sie die Dinge wirklich vor Augen haben, können Sie letztlich beurteilen, ob es Ihren Vorstellungen entspricht oder nicht. Eine Reise sollte allerdings erst dann unternommen werden, wenn Sie genügend Kenntnisse durch Reisebeschreibungen oder Reiseführer über das Land besitzen. Um ein Land am Ende richtig nach den genannten Kriterien beurteilen zu können, ist es nötig, einige Zeit im gewünschten Zielland zu verbringen. Empfehlenswert ist es, wenn Sie vor dem Grundstückskauf schon einmal längere Zeit, am besten zu verschiedenen Jahreszeiten, dort gelebt hat. Erst dann können Sie eine objektive Beurteilung abgeben. Schnell kann sich sonst nämlich herausstellen, daß das zuerst als schön empfundene Land, beispielsweise in der Regenzeit überflutet ist und deshalb nur schlechte Lebensmöglichkeiten bietet. Deshalb sollten Sie auch einmal absichtlich zur unfreundlichsten Zeit in das interessierende Land reisen. Sagt es Ihnen dann immer noch zu, dann ist dies ein gutes Zeichen.
Es gibt dafür die Faustregel, daß Sie erst dann eindeutig sagen können, ob Ihnen ein Land zusagt oder nicht, wenn Sie dreimal, möglichst zu verschiedenen Jahreszeiten und mindestens je drei Wochen Aufenthalt, gewesen sind. Dabei sollten Sie nach den Reisen zu mindestens drei dort lebenden Menschen

bereits Kontakte haben. Diese Kontakte sollten zu unabhängigen Leuten geknüpft werden, welche Ihnen nichts verkaufen wollen. Nur dann können Sie sicher sein, daß ihnen auch die Schattenseiten des Ziellandes unverblümt offengelegt werden. Verständlicherweise wird ein Makler, der ihnen ein Objekt verkaufen möchte, das Land nur von der rosigsten Seiten schildern.

Zusammenfassung

Um Länder besser objektiv vergleichen zu können, ist es hilfreich, ein Schema anzuwenden. Dafür sollte sich der einzelne erst einmal darüber klar werden, welche Anforderungen er an ein Land stellt. Diese Kriterien sind dann der Wichtigkeit nach zu sortieren. Zu den Anforderungen werden dann jeweils Noten verteilt, welche auf das Land zutreffen. Diese Bewertungen werden mit der Zahl für die Wichtigkeit der Anforderung multipliziert und die Werte dafür addiert. Die Gesamtsumme erlaubt es nun, verschiedene Länder zu vergleichen, wobei ein Land umso besser ist, je kleiner seine Gesamtsumme ist. Danach kann das optimale Land besucht werden, um Unklarheiten zu beseitigen und die Bewertungen zu bestätigen oder zu korrigieren. Dabei sollte das interessante Land vor dem Kauf eines Objektes im Idealfall dreimal zu unterschiedlichen Jahreszeiten und je mindestens drei Wochen lang besucht werden und dazu mindestens drei Kontakte zu dort lebenden, unabhängigen Leuten bestehen.
Nun stellt sich die Frage, nach Ländern zum Auswandern.

"Ohne Wagnis gibt es keinen Erfolg."
Jeanne Bourgeois

Das zweite Standbein im Ausland - Vorgehensweise

Wie bisher deutlich wurde, gibt es gute Gründe, um sich nach einer Alternative zur alten Heimat umzusehen. Dabei sind auch die Voraussetzungen, besonders finanzieller Art, nicht zu vernachlässigen. In jedem Fall ist in der Aufbauphase mit Schwierigkeiten zu rechnen. Hier ist dann Ihr Durchhaltevermögen gefragt. Wenn jedoch das Projekt von Anfang an gut durchdacht wird, reduziert sich das Risiko, daß etwas Schwerwiegendes schiefläuft, beträchtlich.
Sind Sie sich darüber im klaren, wo ihr Traumland liegt und in welcher Region Sie in diesem Land leben möchten, stellt sich die Frage, ob Sie das Projekt alleine oder innerhalb einer Gruppe von Freunden und Gleichgesinnten starten möchten.
Eine Projektgruppe hat Vor- und Nachteile:

---

zu bedenken: Das Gemeinschaftsprojekt

Vor allem lassen sich Kosten einsparen, wenn das Auslandsdomizil als "Gemeinschaftsprojekt" begonnen wird. Grundstücke und allgemeine Kosten werden für den einzelnen erheblich leichter tragbar, wenn mehrere Personen ein Objekt zusammen erwerben. Auch läßt sich dann leichter bei der Aufbauarbeit aushelfen und es können Preisnachlässe bei Bauunternehmen oder Zulieferern genutzt werden. Zudem wird eine Gruppe in der Regel vor Ort ernster genommen als eine Einzelperson. Auch die Frage, wie das Objekt überwacht wird, wenn eine Person nicht anwesend ist, läßt sich in der Gemeinschaft wesentlich besser organisieren als alleine. Das Objekt ist dann im Idealfall das ganze Jahr über bewohnt. Allerdings muß dann klar geregelt werden, wer zu welcher Zeit im Ausland verweilt und welche Arbeiten zu verrichten sind. Angenehmes und Lästiges muß fair aufgeteilt werden. Es darf nicht sein, daß

eine Person immer nur in der unangenehmen Jahreszeit, bspw. zur Regenzeit, am Zielort ist, die anderen immer in der angenehmen Zeit - es muß gerecht abgewechselt werden. Dazu kommt, daß es kaum Probleme mit Einsamkeit etc. geben wird, wenn mehrere Gleichgesinnte das Projekt starten. Weiterhin können sich die Beteiligten gegenseitig psychisch stützen. Wenn ein Beteiligter am Sinn des Projektes zweifelt, können ihn die anderen wieder aufbauen. Ebenso lassen sich schwierige Phasen in der Gruppe nach dem Motto: "Geteiltes Leid ist halbes Leid" besser überstehen.
Was jedoch nicht unterschätzt werden sollte, ist der Umstand, daß sich Leute, welche sich im anonymen Deutschland gut verstanden, im Ausland plötzlich "in die Haare kriegen". Dies liegt oft daran, daß alle Beteiligten durch die Umstellung auf die neue Kultur, das Klima, die Umgebung usw. unter einem psychischen Streß stehen, der sich dann in Konflikten untereinander entlädt. Umso wichtiger ist es deshalb, daß sich jeder einzelne Beteiligte der Gruppe mit dem Projekt identifizieren kann. Macht jemand nur deshalb mit, weil er "überredet" wurde, so wird er früher oder später, wenn Schwierigkeiten auftauchen, resignieren. Auch sollte jeder Beteiligte das Land und die interessante Region mindestens einmal selbst in Augenschein genommen haben, um für sich selbst herauszufinden, ob ihm die Gegend liegt oder nicht. Ebenfalls kann es bei einem Gemeinschaftsprojekt schnell zu Uneinigkeiten beim Besitzrecht kommen.
Um solche Probleme auszuschalten, ist es nötig, daß sich im Vorfeld schon die Beteiligten nicht nur gut, sondern sehr gut kennen. Im Idealfall sollte die Gruppe als Ganzes bereits miteinander längere Auslandserfahrung, möglichst unter Streßbedingungen, gemacht haben. Die gegenseitigen Ziele und Interessen sollten nicht zu weit voneinander entfernt liegen und eine Gruppe sollte auch keinesfalls zu groß sein. Wie gruppendynamische Untersuchungen zeigten, liegt das Maximum bei 20 Personen - oberhalb tendiert die Gruppe dazu, bei Streßbelastung sich in mehrere kleine Gruppierungen aufzuspalten, welche miteinander konkurrieren.
Wichtig ist auch, daß jeder eine eigene Privatsphäre hat. Der Idealfall wäre ein großes Grundstück, auf dem jeder sein indi-

viduell eingerichtetes und von den anderen getrenntes Haus besitzt. Weniger ideal ist es, wenn eine größere Gruppe ein einzelnes Haus erwirbt und sich die Zimmer darin aufteilt.
Nicht zu vergessen ist eine saubere, von allen freiwillig unterschriebene Regelung. Mit ihr sollte genau definiert werden, wem was gehört und wer für welche Aufgaben zuständig ist. Es muß ebenfalls klar geregelt sein, was passiert, wenn jemand stirbt (Erbschaft) oder wenn ein Beteiligter seinen Anteil verkaufen möchte.
Das Beste ist sicherlich, wenn zwar ein gemeinsames Grundstück erworben wird, dieses jedoch hinterher beim Grundbuchamt in einzelne, an jeden Beteiligten überschriebene Parzellen aufgeteilt wird, damit die Besitzansprüche klar definiert sind. Eine andere Möglichkeit wäre, wenn die Gruppe das Objekt als Gesellschaft erwirbt, in der dann das Grundstück gemeinsames Eigentum dieser Organisation ist und nur die Häuser darauf in privatem Besitz sind und demnach auch vererbt werden können.
Folgende Punkte sollten Sie beachten, wenn Sie ein Gemeinschaftsprojekt starten möchten:

- Homogene Gruppe mit gleichen Zielen und Vorstellungen
- Maximal 20 Personen
- Eigene, klar definierte Privatsphäre für jeden Beteiligten
- Klare Besitzregelung

2

Ist die Frage, ob Gruppen- oder Einzelprojekt geklärt, dann kommt die nächste Frage: Wie wird der Aufbau organisiert?

Ganz entscheidend: Die Zeit für den Aufbau

Da Sie ja Ihr erstes Standbein in Mitteleuropa, Ihren Job und Ihre Freunde nicht aufgeben möchten und sollen, müssen Sie sich darüber Gedanken machen, woher Sie die Zeit und das Geld für den Aufbau nehmen. Geld sollte selbstverständlich von vornherein ausreichend vorhanden sein und Verschuldung

unter allen Umständen vermieden werden. Ist momentan nicht genügend Kapital vorhanden, können Sie den Aufbau im Zielland auch stufenweise abwickeln, also zuerst ein Grundstück kaufen und erst dann, wenn wieder Geld da ist, ein Haus bauen. Oder Sie bauen anfangs nur ein einfaches, billiges Haus (siehe S. 135) ohne große Technik und erweitern erst später. Die andere Frage ist die für das Projekt nötige Zeit. Es bietet sich in erster Linie natürlich Ihr Urlaub an. Sparen Sie sich für das Projekt (bspw. den Grundstückskauf und den Bau einer Immobilie) unbedingt möglichst den ganzen Jahresurlaub auf. Besser ist es, wenn Sie noch einen Überstundenausgleich als Freizeit zusätzlich dazunehmen können. Schon im Vorfeld sollten Sie am besten schon die Vorarbeiten, also die Verhandlungen über Grundstückspreise, mit Bauunternehmern, Behörden etc. von Mitteleuropa aus organisieren.
Reicht die Zeit für den Aufbau im Urlaub nicht aus, könnten Sie Ihren Arbeitgeber um unbezahlte Freistellung bitten. Wird das Projekt in der Gruppe gestartet, dann sollte selbstverständlich eine Periode gewählt werden, in der jeder Beteiligte zeitlich ungebunden ist. Ebenso sollte auf Klimabedingungen, Zeit des Bauunternehmers etc. schon im Vorfeld Rücksicht genommen werden. Die anfallenden Arbeiten sollten in der Gruppe schon im vorhinein grob verteilt werden.

Ist der Aufbau am Zielort geschafft, dann können Sie sich überlegen, wieviel Zeit Sie dort im Jahr verbringen wollen. Gefällt es ihnen sehr gut oder ergeben sich gar lukrative Verdienstmöglichkeiten, dann können Sie daran denken, Ihre Arbeitszeit in der alten Heimat zu reduzieren, indem Sie entweder unbezahlten Urlaub nehmen, oder ihre Arbeitsstelle gleich regulär auf Teilzeit umstellen lassen. In vielen Unternehmen ist es heute auch schon möglich, ein sogenanntes "Sabattjahr" zu nehmen, also ein unbezahltes oder geringer bezahltes Jahr für die Weiterbildung oder zum "Energie tanken". Wie Sie Ihre Zeit dann verbringen werden oder wollen, das wird sich im Lauf der Jahre von selbst ergeben. Vielleicht machen Sie es dann sogar so wie viele Aussteiger, die sich auf Dauer, wegen der höheren Lebensqualität ganz am Zielort niedergelassen haben.

Zusammenfassung

Die Möglichkeit, etwas zu unternehmen, steht und fällt heute mit den finanziellen Mitteln. Nur wer über etwas finanziellen Freiraum verfügt, kann entsprechend etwas unternehmen. Um sich diesen Freiraum zu schaffen oder zu erlangen, ist es unverzichtbar, Schulden zu vermeiden, bzw. abzubauen. Durch Verzicht auf Unnötiges können Ersparnisse angesammelt werden. Unbedingt notwendig ist es jedoch, sein kleines Vermögen auch vor möglichen Finanzkrisen zu schützen. Die Finanzierung des Wohnortes im Ausland geht einmal normal über Einkünfte in der alten Heimat. Dazu kommen die Ersparnisse durch die günstige Lebensführung im Zielland. Steuerersparnisse durch geringeren Bruttolohn oder eine Unternehmensgründung ergänzen die Erträge. Auch die persönliche Situation und Bindung spielt bei der Begründung eines Domizils im Ausland ein Rolle.

Hier stellt sich die Frage nach den Anforderungen an ein Zielland.

"Arm ist nicht der, der wenig hat, sondern der, der nicht genug bekommen kann.", Jean Guehenno, franz. Schriftsteller

Sechzehn Grundanforderungen an ein Zielland

Um das ideale Auswanderungsland zu finden, ist es notwendig, sich über die Anforderungen an dieses klar zu werden. Anderenfalls laufen Sie Gefahr, vom "Regen in die Traufe" zu kommen, also eine Bedrohung gegen eine andere einzutauschen. Die Anforderungen hängen natürlich davon ab, aus welchen Gründen Sie ein zweites Standbein im Ausland aufbauen wollen. Möchten Sie dadurch Steuern sparen, mehr Geld verdienen oder für eine Krise vorsorgen? Ratsam ist es jedoch, alle diese Aspekte von vornherein zu berücksichtigen. Welche Voraussetzungen sollte ein potentielles Auswanderungsland idealerweise erfüllen?

1) leichte Möglichkeit der Einwanderung
2) Rechtssicherheit des Eigentums
3) politische und wirtschaftliche Stabilität
4) deutschfreundliche Bevölkerung/Deutsche im Land
5) Möglichkeit des Geldverdienens/niedrige Steuern und Abgaben
6) niedrige Grundstückspreise und Lebenshaltungskosten
7) niedrige Betrugsrate/Kriminalität
8) individuell als angenehm empfundenes Klima
9) gute Infrastruktur (Straßen, Strom-/Wasserversorgung, Telefon, Internet...)
10) geringe Überwachungsinfrastruktur
11) kleine Bevölkerungsdichte
12) militärische Unbedeutsamkeit/keine ergiebigen Rohstoffvorkommen
13) Sicherheit vor Naturkatastrophen
14) keine Gefahr durch Atomkraftwerke und Industrieanlagen
15) Möglichkeit der Selbstversorgung
16) persönliche Anforderungen

Trotz allem sollten Sie nie alle Brücken zur alten Heimat abbrechen, da sich auch schnell die Situation ergeben könnte, daß Sie dorthin zurück wollen oder müssen. Deshalb ist es in jedem Fall ratsam, in der ersten Zeit die Arbeitsstelle und den Wohnort beizubehalten. Am besten treffen Sie sogar eine Regelung etwa mit Ihrem Arbeitgeber, damit Sie wieder problemlos in den Beruf einsteigen können.
Beachten Sie bitte folgende Punkte:

- Ein schrittweises Aufbauen des zweiten Standbeines bringt Vorteile.
- Ein Gemeinschaftsprojekt erleichtert das Projekt.
- Zeit für den Aufbau muß sinnvoll organisiert werden.

"Sinnlos auf bessere Zeiten zu warten, denn die besseren Zeiten warten auf dich!"
E. Matani

Länderbeispiele

Welche Länder für Sie persönlich von Interesse sind, hängt davon ab, aus welchem Grund Sie ein fremdes Land suchen. Wollen Sie mehr Geld verdienen, kommen völlig andere Länder in Betracht, als wenn Sie ein Auslandsdomizil zur Flucht vor Krisen bevorzugen. Folgend soll einmal als Beispiel das Land Paraguay unter dem Gesichtspunkt "Krise" untersucht werden.
Wer die Weltkarte betrachtet, wird finden, daß es nur wenige Regionen gibt, die den meisten oben genannten Anforderungen voll entsprechen können.
Ganz Mitteleuropa scheidet hier aus, da die Bevölkerungsdichte extrem hoch ist, die Lebenshaltungskosten überteuert und insgesamt die Abhängigkeit von der Infrastruktur sowie den Transporten zu hoch ist. Solche Länder werden im Krisenfall unter massiven Schwierigkeiten bis hin zum Bürgerkrieg zu leiden haben.
Kanada, wie auch Nordeuropa ist klimatisch gesehen nicht so günstig, da es im Winter für viele zu kalt ist.
Der gesamte Ostblock ist durch wirtschaftliche Schwierigkeiten so instabil, daß sich diese in naher Zukunft in einem neuen Krieg entladen könnten.
Nordamerika scheidet allein deshalb aus, weil sich die USA als "Weltpolizist" und durch weitreichende Militäraktionen bei vielen Völkern unbeliebt gemacht haben. Entsprechende Racheaktionen sind daher nur eine Frage der Zeit.
Asien ist im allgemeinen ebenfalls dicht bevölkert und Afrika aufgrund von Rassenproblemen instabil. Besonders Ostafrika steht permanent am Rande eines Bürgerkrieges.
Australien und Neuseeland sind grundsätzlich interessant. Leider ist die Einwanderung dort sehr schwierig und an Bedingungen gebunden, so daß diese Länder für die meisten Menschen kaum in Frage kommen.

Als Beispiel für eine Region, welche interessant ist, kann man Südamerika, speziell Paraguay, nennen. Selbstverständlich kommen auch noch andere Staaten in Frage. Um jedoch grundsätzlich die Herangehensweise an ein potentielles Auswanderungslandes zu zeigen, ist Paraguay ein gutes Beispiel.

Paraguay - Traumland oder Alptraum?

Das Land Paraguay (Abb. 12) liegt mitten im südamerikanischen Kontinent und hat etwa die Größe von Deutschland, Österreich und Luxemburg zusammengenommen.
Paraguay ist ein reines Binnenland und wird vom Paraguayfluß klimatisch in zwei Hälften geteilt: den Nordwesten, die Chaco Region, und den Osten und Südosten, das sogenannte Ostparaguay.

Abb. 12: Paraguay

Die Besiedlung des Landes durch Deutsche reicht etwa 120 Jahre zurück. 1880 wurden die ersten deutschen Siedlungen gegründet oftmals nur mit einfachen Werkzeugen im Urwald. Nicht wenige kamen dabei ums Leben oder brachten sich selbst um. Trotz allem entwickelten sich diese ersten Kolonien durch den deutschen Fleiß oft zu aufblühenden Zentren. Nach dem Ersten Weltkrieg, um das Jahr 1920, rollte die zweite Einwanderungswelle. Sie bestand aus Leuten, welche im Krieg alles verloren hatten, oder die hohe Arbeitslosigkeit in

Deutschland umgehen wollten. Die dritte Welle bestand aus deutschstämmigen Mennoniten (eine christliche Glaubensrichtung) aus Rußland, welche der kommunistischen Diktatur Ende der zwanziger Jahre unter Stalin entkommen wollte. Die Mennoniten gründeten vor allem die Kolonien im bis dahin praktisch unbevölkerten Norden Paraguays. Das Wirken der Deutschen in Paraguay ist enorm (Abb. 13).
Auch auf die politische Gestaltung hatten deutschstämmige Einwanderer großen Einfluß - vor allem der 1954 an die Macht gekommene und 35 Jahre regierende, deutschstämmige Präsident Alfredo Strössner. Daneben nahmen auch viele Deutschstämmige hohe Ministerposten in der Regierung ein. Das alles hat im Land eine gute Haltung zu Deutschen hinterlassen. Im Jahr 1996 lebten in Paraguay 8000 deutsche Auswanderer und 200.000 Deutschstämmige.

Abb. 13: Deutsche Kolonien in Paraguay (schwarze Punkte)

Das Land bietet einige Vorteile, insbesondere als Vorbereitung auf eine Krise.

Vorteile:

- kleine Bevölkerungsdichte
- leichte Möglichkeit der Einwanderung
- Rechtssicherheit des Eigentums
- deutschfreundliche Bevölkerung
- geringe Überwachungsinfrastruktur
- ohne militärische Bedeutung
- keine bedeutenden Rohstoffvorkommen
- Sicherheit vor Naturkatastrophen
- keine Atomkraftwerke/Industrieanlagen

- Möglichkeit der Selbstversorgung
- niedrige Grundstückspreise und Lebenshaltungskosten

Nachteile:

- heißes Klima
- schlechte Straßen
- steigende Kriminalität
- Korruption
- Betrugsrisiko

Vorteile:

Paraguay bietet eine ganze Reihe von Vorteilen: Einmal ist die Bevölkerungsdichte sehr klein. Wie zu erwarten ist, konzentriert sich diese in und um die Hauptstadt Asunción. Sobald man jedoch von der Hauptstadt weggeht, sinkt diese kontinuierlich. Ostparaguay (östlich des Paraguay-Flusses) hat generell eine wesentlich größere Einwohnerdichte als die Chaco-Region (westlich des Paraguay-Flußes). Abb. 14

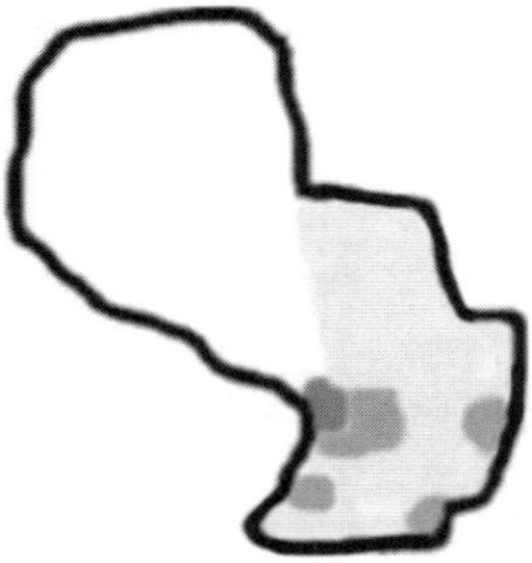

Abb. 14: Bevölkerungsdichte in Paraguay (je dunkler, umso höher die Bevölkerungsdichte)

Außerhalb der Hauptstadt bewegt sich die Bevölkerungsdichte in Ostparaguay zwischen 5 und 50 Einwohner pro Quadratkilometer. In der Chaco Region im Norden liegt diese nur bei 0,5 Einwohner pro Quadratkilometer.

Zum anderen ist die Einwanderung für Deutsche relativ einfach: Benötigt wird dafür nur eine Geburtsurkunde, ein mindestens noch sechs Monate gültiger Reisepaß, ein höchstens drei Monate altes polizeiliches Führungszeugnis, Reisepaß, Heirats- oder Scheidungsurkunde, Paßfotos, Gesundheitszeugnis in Paraguay, Nachweis von 10000 $ auf einer Bank in Paraguay. Die Unterlagen müssen von einem amtlichen Übersetzer beglaubigt werden. Den Papierkram erledigen professionelle Dienstleister. Zur Einreise für einen Aufenthalt unter drei Monaten reicht ein deutscher Reisepaß, ein Visum ist nicht erforderlich.

Rechtssicherheit des Eigentums ist auch gewährleistet sowohl für Einheimische als auch für Ausländer. Enteignungen sind nur mit zwingendem Grund möglich, und dann muß eine entsprechend hohe Entschädigung bezahlt werden. Es darf sogar bei begründetem Verdacht niemand auf seinem Grundstück verhaftet werden (außer bei schweren Kapitalverbrechen). Der Verdächtige hört sich einfach am Hauseingang die Vorwürfe an und geht ganz legal nicht mit der Polizei mit.

Nach dem Sturz des Diktators Strössner vor über zehn Jahren ist Paraguay eine Demokratie. Das bringt jedoch auch mit sich, daß die politische Stabilität nicht mehr so gegeben ist wie früher. Dies zeigte sich beispielsweise im Juli 2002, als in dem Land nach gewalttätigen Protesten gegen die Regierung, der Ausnahmezustand ausgerufen wurde. Damals waren jedoch nie Ausländer oder deren Eigentum in Gefahr. Überdies hängt es sehr stark von der Region in der man wohnt ab, ob man von solchen Ereignissen betroffen ist oder nicht. Interessant ist, daß die Währung in Paraguay der Guranie zu den stabilsten in ganz Südamerika zählt.

Ebenfalls interessant ist, daß vor allem Deutsche, Österreicher und Schweizer im Land zu den beliebtesten Ausländern gehören. Dies hängt nicht zuletzt mit einigen Auswanderungswellen nach Paraguay schon seit 150 Jahren zusammen. Viel Aufbauarbeit wurde dort von Deutschen geleistet. Auch heute noch gehören die deutschen Kolonien zu den prosperierendsten Regionen des Landes. Einer Umfrage aus dem Jahre 1963 zufolge, wurden die Deutschen insgesamt in Lateinamerika zu 41 % als "fleißig" angesehen. 28 % gaben "gebildet" an. An dritter Stelle folgt "tapfer" mit 23 %. An fünfzehnter und letzter Stelle der Eigenschaftsliste rangierte "unehrlich" mit 2 %. Das belegt das hohe Ansehen von Deutschen. Da Paraguay ein

Schwellenland zwischen Industrie- und Entwicklungsland darstellt, ist auch eine Infrastruktur für einen Überwachungsstaat praktisch nicht vorhanden. Zum Großteil werden moderne Computer gerade erst in den Behörden eingeführt. Während beispielsweise die Ausweise am Flughafen in Frankfurt mit Scannern automatisch überprüft werden (und damit auch die Daten der fliegenden Person erfaßt und gespeichert werden), findet in Paraguay nur eine Durchsicht der Papiere am Zoll statt. Paraguay eignet sich auch deshalb als Auswanderungsland, weil es militärisch recht uninteressant ist. Es ist also kaum mit einem Angriff auf das Land zu rechnen. Dazu kommt, daß es keine interessanten Rohstoffvorkommen im Land gibt. Lediglich in den dreißiger Jahren kamen einmal Gerüchte von großen Erdölvorkommen auf - welche dann den Chaco-Krieg gegen Bolivien auslösten. Bisher konnten jedoch diese Funde nicht bestätigt werden.
Als Binnenland leidet Paraguay auch nicht unter Naturkatastrophen. Erdbeben sind praktisch unbekannt, weil die Region sich mitten im Kontinent in einer spannungsfreien Zone befindet (Abb. 15).
Überschwemmungen sind vor allem in Flußnähe im Flachland möglich.

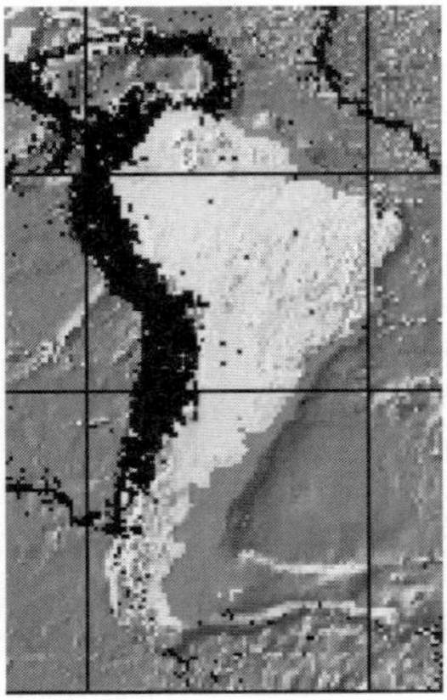

Abb. 15: Tektonische Aktivität in Südamerika (Quelle: Bundesanstalt für Geowissenschaften und Rohstoffe)

Atomkraftwerke gibt es gar keine. Lediglich in Argentinien sind zwei Kernkraftwerke in Betrieb, die jedoch weit entfernt und gegen die Hauptwindrichtung angesiedelt sind. (Abb. 16).

Abb. 16: Atomkraftwerke in Südamerika

Ein Vorteil auf der Südhalbkugel ist die nur langsame Durchmischung der Atmosphäre mit der Luft der Nordhalbkugel. Da kriegerische Auseinandersetzungen oder Atom- und Industrieunfälle wegen der Bevölkerungskonzentration überwiegend auf die Nordhalbkugel beschränkt sind, ist man auf der Südhalbkugel des Globus relativ sicher. Sogar wenn die Atmosphäre der Nordhalbkugel in großem Maße durch Radioaktivität oder Staub verschmutzt wäre, würde es sehr lange dauern, bis davon auch die Südhalbkugel betroffen wäre. Bis dahin wäre dann die Radioaktivität schon wieder abgeklungen, bzw. der Staub ausgeregnet.
Ein weiterer Vorteil ist die Dichte der Ozonschicht, weil das Land sich nicht allzuweit vom Äquator entfernt befindet. Selbst wenn sich das Ozonloch noch weiter vergrößert, ist zu erwarten, daß die Folgen in Äquatornähe erst sehr spät zu spüren sein werden.
Größere Industrieanlagen oder Chemiewerke sind ebenfalls nicht im Land vorhanden, so daß von solchen Bauten im Krisenfall kaum Gefahren ausgehen würden.
Die Möglichkeit zur Selbstversorgung ist gegeben, da einmal die Bevölkerungsdichte klein ist und zum anderen sich niemand dafür interessiert, was jemand anderer auf seinem Grundstück macht. Die technische Installation beispielsweise von Solar- oder Windkraftanlagen, ist unproblematisch, da dafür niemand eine Genehmigung verlangt. Auch die Art, wie jemand sein Haus baut und gestaltet, unterliegt keinerlei Vor-

schriften. Auf dem Land gibt es auch keine Vorschriften zur Abwasserbehandlung, und eine eigene Trinkwasserversorgung über Zisternen gehört dort zur normalen Ausstattung.
Einer der wichtigsten Punkte, warum Paraguay interessant ist, sind die niedrigen Grundstückspreise. So liegen diese beispielsweise in Ostparaguay in der Nähe von Asuncion (60 km) bei ca. 750 $ (Jahr 2002) pro Hektar und im Chaco in der Nähe der Kolonie bei max. ca. 200 $ (Buschland) und außerhalb davon bei 20 - 60 $. Auch die Lebenshaltungskosten sind minimal. Einmal gibt es kaum Fixkosten wie beispielsweise regelmäßige Abgaben (außer geringe Bodensteuer, Kfz-Steuer) und zum anderen sind Lebensmittel oder Treibstoffe sehr günstig (siehe Tab. 2). Kosten für Werkzeuge, Maschinen, Kühlschrank etc. entsprechen etwa den deutschen Preisen.
Nicht vergessen werden sollte auch, daß es in Paraguay praktisch kaum Steuern gibt. Auslandseinkünfte, wie beispielsweise Renten, sind völlig steuerfrei; Inlandseinkünfte, wie zum Beispiel aus der Landwirtschaft, unterliegen geringen Steuersätzen (pauschaliert 2 Prozent).
Zu beachten ist nur, daß Paraguay kein Doppelbesteuerungsabkommen mit Deutschland geschlossen hat und deshalb Einkünfte aus Deutschland dort mit pauschal 25 Prozent oder normaler Steuererklärung zu versteuern sind. Des weiteren müssen Freiberufler keine Steuer in Paraguay bezahlen. Vermögens-, Schenkungs- oder Erbschaftssteuer sind gänzlich unbekannt. Auch Abgaben für ein marodes Sozialversicherungssystem kann man sich getrost sparen ("Eines ist sicher: die Rente" - fragt sich nur in welcher Höhe?).
Auskunft zur Gewerbeanmeldung und Besteuerung gibt die Deutsch-paraguayische Handelskammer:

Deutsch-Paraguayische Handelskammer, Ind. Nacional 811, Piso 9, Asuncion/Paraguay; Fax 00595-21-449735, Email: logistica@ahkasu.com.py oder ahkasu@mail.pla.net.py; Internet: http://www.ahkasu.com.py; Jahresmitgliedschaft 140 Euro, Firmen 195 Euro

Bananen 1kg	0,10 Euro
Kartoffeln 1kg	0,40 Euro
Brötchen Stk. ca.	0,04 Euro
Mineralwasser 2l	0,50 Euro
Diesel 1l	0,25 Euro
Benzin 1l	0,50 Euro
Kfz Steuer ca.	50 Euro
1 Std. Internet	1,50 Euro
Bodensteuer f. 400 ha (Chaco) ca.	50 Euro
Busfahrt in Asuncion u. Umg.	0,30 Euro
Baukosten großes Haus kompl.	35000 Euro
kl. Haus (8x12 m)	12000 Euro
Hausbau allgemein luxuriös:	230 Euro/m2
Hausbau allgemein einfach	60 Euro/m2
Flatrate Internet	99 $/Monat
Gute Krankenversicherung pro Mon.	70 Euro/Person

Tab. 2: Preise in Paraguay im Jahr 2002

Allerdings gibt es auch einige Nachteile im Vergleich zu Deutschland, auf welche man sich einstellen sollte.

Nachteile

Zu den Nachteilen von Paraguay gehören an erster Stelle wohl die besonders im Sommer doch sehr heißen Temperaturen (siehe Tab. 3).
Den Sommer kann man sich in Paraguay als heiß vorstellen. Teilweise gehen die Temperaturen über die 40°C Marke hinaus. Im Norden (Chaco-Region) sind die Temperaturen generell noch etwas höher, allerdings auch leichter erträglich, weil die Luftfeuchtigkeit geringer ist. Diese Zeit bildet gleichzeitig die Regenzeit, in der es einmal pro Woche sturzflutartig regnet. Den Winter kann man sich wie einen schlechten Sommer in Europa vorstellen: manchmal heiß, aber auch trüb und kühl. Nicht verschwiegen werden dürfen auch die zeitweise häufigen Mücken, die vor allem Ausländer befallen. Nach einiger Zeit des Lebens dort scheinen die Mücken jedoch den Bewohnern nichts mehr auszumachen. Glücklicherweise sind tropi-

sche Krankheiten wie beispielsweise Malaria, in Paraguay unbekannt.

	Jan.	Apr.	Juni	Sept.	Dez.
Asuncion					
Tagdurch.	26	24	19	22	30
Extremwert max.	35	30	29	34	36
Extremwert min.	16	11	2	12	19
Luftfeucht. %	72	85	72	67	51
Gran Chaco					
Extremwerte max.	37	32	32	38	40
Extremwerte min.	18	13	1	11	19

Tabelle 3: Temperaturen (°C) in Paraguay in °C

Nicht vergessen werden sollten auch die schlechten Straßen in Paraguay. Generell sind nur die wichtigsten Hauptverbindungsstraßen asphaltiert. Alle Nebenstraßen bestehen meist nur aus löchrigen Sand- oder Lehmpisten. Die Autos werden dort teilweise doch sehr beansprucht und der Verschleiß ist entsprechend hoch.

Viel wichtiger ist jedoch die ansteigende Kriminalität, die seit dem Ende der Strössner Ära deutlich zunimmt. Davon betroffen ist vor allem der äußerste Osten Paraguays an der Grenze zu Brasilien hin. Verschont geblieben von dieser Entwicklung sind bisher nur die deutschen Kolonien im Norden, da es dort für Kriminelle schwierig ist, aus dem Gebiet herauszukommen, ohne von der Polizei geschnappt zu werden, da nur eine Straße von der Hauptstadt nach Norden geht. In Ost-Paraguay ist es stellenweise auch üblich, die Ländereien von Ausländern zu besetzen, um dadurch Gelder zu erpressen. Der Autor konnte mehrere Leute sprechen, welche die Sache bestätigten. Einer kaufte in der Nähe zur Hauptstadt Land, welches in seiner Abwesenheit kurzerhand "besetzt" wurde. Es kostete unzählige Prozesse, mit Anwaltskosten etc., um das Grundstück wieder in Besitz nehmen zu können.

Bis in die jüngste Vergangenheit war auch das Rechtssystem in Paraguay nicht gerade einladend, da jemand auch nur we-

gen einer Anschuldigung schon inhaftiert werden konnte. Da wurde beispielsweise einmal jemand nur deshalb über zwei Wochen inhaftiert, weil ihn seine Nachbarin loswerden wollte und eines Verbrechens beschuldigte. Damals durfte jemand erst dann wieder aus dem Gefängnis entlassen werden, wenn er seine Unschuld beweisen, bzw. der Fall von einem Richter bearbeitet wurde. Da jedoch das Bearbeiten oft lange Zeit in Anspruch nahm, saßen überwiegend nicht verurteilte Personen im Gefängnis und warteten ohne Hoffnung auf ihren Prozeß. Zum Glück wurde dieser Mißstand jetzt behoben, so daß ein Fall bereits innerhalb 24 Stunden vom Staatsanwalt bearbeitet werden muß und der Beschuldigte sofort wieder auf freien Fuß gesetzt wird, wenn sich kein Anhaltspunkt für einen Gesetzesverstoß finden läßt. Auch die Freilassung gegen einer Zahlung von Kaution ist nun problemlos möglich.
Das fehlende Sozialsystem wird ebenfalls oft als Nachteil genannt. Doch ist zu bedenken, daß wegen des Fehlens der staatlichen Versorgung auch die Steuern und Abgaben viel niedriger sind als in Deutschland. In der Bundesrepublik werden heute schon fast 60 Prozent des Durchschnittslohnes nur für Steuern und Abgaben verwendet, während man in Paraguay kaum oder nur in geringem Maße damit konfrontiert wird. Während Sie sich mit dem privat gesparten Geld in Paraguay selber versichern können und zwar so, wie Sie es wollen, wird einem vom deutschen System eine Einheitsversicherung ohne Wahlmöglichkeiten aufgezwungen. Überdies sind bereits die Kosten für diese Sozialversorgung schon bald nicht mehr finanzierbar. Man sollte also tunlichst vermeiden, auf das deutsche Sozial- und Rentensystem zu bauen. Da ist es in Paraguay viel sinnvoller, dort etwas Wohneigentum aufzubauen.
Was ein Problem darstellt, ist die offene Korruption bei den Behörden, die für eine zügige Bearbeitung schnell einmal Zusatzgelder verlangen. So halten Polizisten manchmal Autos an, um angebliche Mängel zu suchen. Es sind sogar Geschichten in Paraguay zu hören, daß jemand zu Recht angehalten wurde, weil er nicht angeschnallt war. Nach Bezahlen einer Strafe fuhr er weiter und 10km entfernt wollten die Kollegen der Polizisten noch weitere Mängel feststellen. Meist kommt bei solchen Vorkommnissen der Vorschlag der Polizisten, die

Strafe fallenzulassen, wenn ein Betrag an die Polizisten privat bezahlt werde. Der Beschuldigte hat dann die Wahl zwischen 50$ regulärer Strafe oder 10$ unter der Hand an den Beamten. Aufgrund solcher Vorkommnisse kam Paraguay auf einer Rangskala für Korruption der Zeitschrift Focus auf Platz 95 von 100 Ländern. Nur fünf andere Länder sind noch bestechlicher.

Man sollte jedoch als Deutscher nicht zu sehr den Kopf schütteln, bei solchem Verhalten und bedenken, daß es bei uns im Prinzip auch nicht anders läuft - nur versteckter. So wurde bereits bekannt: Bei der Hälfte aller öffentlichen Bauvorhaben in Deutschland ist Korruption im Spiel. Deshalb verweisen heute auch viele Bauunternehmer darauf, daß ohne Schmiergelder auch in Deutschland keine Aufträge mehr zu bekommen sind. Nach außen hin wird jedoch immer noch so getan, als würde Korruption bei uns keine Rolle spielen. Hier ist zu fragen, ob nicht das offenkundige Bestechungssystem in anderen Ländern das ehrlichere ist.

Die Arbeitsmoral der Paraguayer ist für die meisten Deutschen nur schwer nachzuvollziehen. Oft nehmen es diese mit Pünktlichkeit und Genauigkeit nicht so ernst. Da werden schon einmal Autos zwar billig, aber notdürftig mit einem Stück Draht geflickt, oder es werden Türen schief in ein Haus eingebaut. Häufig mangelt es den Leuten dort auch einfach an der Ausbildung, weil sich jeder, der ein mal ein Stück Draht in der Hand gehabt hat "Elektriker" nennen darf. Hier ist es nötig, entweder eine Firma mit deutscher Leitung zu betrauen oder dem angeblichen "Meister" gründlich über die Schulter zu schauen.

Auch der ständige Versuch viele Paraguayer, den Europäer zu übervorteilen, kann stören. Die Bevölkerung dort sieht in jedem Ausländer zuerst einmal eine Geldquelle und versucht mit allen Tricks die Preise hinaufzutreiben. Auch Betrügereien sind an der Tagesordnung.

Einen weiteren "Nachteil" gibt es für Leute, welche gerne viel Rummel und Unterhaltung haben wollen. Die gibt es nämlich in Paraguay nicht. Der Paraguayer ist im allgemeinen ein Mensch, der jeder Hektik aus dem Weg geht. Wer also nicht ohne Trubel auskommen kann, für den ist Paraguay nicht das

Richtige. Für Leute, die darüberhinaus auch nicht gut mit sich selbst und ihren Mitbewohnern zurecht kommen, für die könnte die Abgeschiedenheit im Norden auch zum Problem werden. Hier muß man sich im voraus überlegen, wie man seine Zeit sinnvoll gestalten will. Ideal ist es, wenn man sich beispielsweise mit dem Internet beschäftigen kann oder Spaß an Arbeiten auf dem Grundstück, bzw. an Gartentätigkeiten hat. Neben diesen Nachteilen im Vergleich zu Deutschland gibt es jedoch noch weitere Gefahren für den Einwanderer, denen er jedoch ausweichen kann, wenn er sie kennt.

Unangenehmes für den Einwanderer

Anders als man vielleicht zunächst vermuten würde, kommen die Hauptgefahren nicht von den Einheimischen, sondern von den eigenen Landsleuten, welche bereits in Paraguay leben. Ein Sprichwort dort sagt: "Der Paraguayer nimmt dem Einwanderer etwas, der Deutsche gleich alles". Hier wird schon deutlich, daß man vor allzu schnell gefundenen deutschen "Freunden" etwas auf der Hut sein sollte. Manche von ihnen sind vor vielen Jahren in das Land gekommen und haben selbst alles verloren oder mußten kurzfristig vor der deutschen Justiz flüchten und haben nun einen großen Kapitalbedarf. Nichts liegt da näher, als den neuen Einwanderer, der in der Regel weder die Sprache noch die Mentalität dort kennt, etwas auszunehmen. Da sind bisweilen im Land die abenteuerlichsten Erzählungen von Auswanderern zu hören. Einer beispielsweise kam ohne Sprachkenntnisse ins Land und freute sich, einen netten Landsmann als Freund gefunden zu haben. Dieser bot sich auch gleich an, das von Deutschland zu erwartende Geld auf seinem Konto entgegenzunehmen (da der Einwanderer ja noch nicht über dergleichen verfügte). Wie man sich denken kann, war weder von dem Geld, noch von dem netten "Freund" je wieder etwas zu sehen. Generell ist zu hören, daß immer der eigene Landsmann für den Einwanderer gefährlich ist, also für den Franzosen, der Franzose; für den Deutschen der Deutsche; für den Schweizer der Schweizer usw..
Doch Vorsicht ist auch schon beim Grundstückskauf geboten.

Leider existieren in Paraguay, anders als in Deutschland, keine ausschließlichen öffentlichen Grundbücher - es herrscht spanisches Recht. Vielmehr existieren neben dem öffentlichen Grundbuchamt noch zahllose private Notare, welche ebenfalls Besitzurkunden archivieren. Das hat den Nachteil, daß beim Kauf von Grund und Boden Betrug viel leichter möglich ist als bei uns. Da unterschreibt der Käufer unter Umständen ein Papier im Grundbuch beim Notar, das nach dem Kauf gegen ein anderes ausgetauscht wird so daß er letztlich kein Eigentum besitzt. Notar, Verkäufer und Rechtsanwalt sitzen da möglicherweise in einem Boot und teilen sich den Gewinn aus dem Betrug am Ende.
Auch wird oft versucht, Leute mit überhöhten Preisen über den Tisch zu ziehen oder ihnen wertloses Land zu verkaufen. Da wurde beispielsweise einmal ein Einwanderer von einer deutschen Maklerfirma hereingelegt: Der Käufer wollte ein Grundstück in Paraguay kaufen, mit der Bedingung, daß es darauf Grundwasser gebe. Nun zeigte ihm der Makler eine Fläche, auf der tatsächlich auch eine Handpumpe installiert war. Mit Freude pumpte der potentielle Käufer einen Eimer nach dem anderen bestes Wasser aus dem Boden und stimmte deshalb auch sogleich dem Kaufvertrag zu. Was er nicht wußte war, daß der Makler vorher ein 200 Liter Faß mit Wasser hatte eingraben lassen, aus dem nun der Käufer munter sein Wasser pumpte.
Ein anderer Betrug ging so vonstatten, daß Käufer in Deutschland auf der Landkarte sich für ein Grundstück entschieden und sogleich kauften. Als sie später ihren Besitz in Augenschein nehmen wollten, fuhr der Makler mit ihnen bei Mittagshitze hinaus und stach später heimlich seinen Autoreifen auf. Er erklärte nun, daß sie leider nicht weiterfahren könnten und er auch das Trinkwasser vergessen habe. Zum Glück aber habe er noch ein paar Flaschen billigen Wein dabei - den die Käufer bei der Hitze auch begierig tranken. Nach dem Rausch und den Kopfschmerzen durch den Fuselwein wollte dann niemand mehr die nächsten Tage das Grundstück besichtigen. Dieses gab es auch gar nicht - es wurde Grund und Boden verkauft, welcher gar nicht zu verkaufen war.

Einem anderen Einwanderer passierte es, daß sein erworbenes Grundstück zur gleichen Zeit vom gleichen Verkäufer auch an einen anderen verkauft wurde. Es brauchte jahrelange teure Prozesse, bis das Eigentumsrecht geklärt war.
Auch beim Hausbau kann man gehörig über den Tisch gezogen werden: Vor allem in Ostparaguay ist es manchmal Sitte, daß nach Baubeginn der Baumeister kommt und behauptet, das Material wäre gestohlen worden und er erst weiterarbeiten könne, wenn zusätzliches Geld bereitgestellt würde. Da sich dann das Ganze immer mehr in die Länge zieht, sind viele Bauherren dann bereit, zusätzlich zu zahlen, nur um endlich fertig zu werden. Doch man sollte sich von diesen Beispielen auch nicht zu sehr abschrecken lassen. Die meisten Käufer können ohne Probleme ein Grundstück kaufen und auch ein Haus bauen. Klar werden sollte einem jedoch, daß man immer kritisch hinterfragen und nicht naiv jedem Fremden Vertrauen entgegenbringen sollte.
Vor allem empfiehlt es sich nie von Deutschland aus etwas kaufen, was man nie in persönlichen Augenschein genommen hat. Auch die wirkliche Lage des Grundstückes sollte mit einer GPS-Messung der Längen- und Breitengrade exakt vermessen werden. Grenzpfähle sind auf dem Land oft unbekannt, oder man kann deren Zuverlässigkeit nicht überprüfen.
Eine große Hilfe ist es, wenn man schon im Vorfeld die spanische Sprache etwas versteht und nicht ständig einen vereidigten Übersetzer beschäftigen muß.
Wer sich mit einem Auswanderungsgedanken nach Paraguay auseinandersetzt, kommt früher oder später zu der Frage, in welche Region man in diesem Land am besten ziehen soll.

Welche Region ist interessant?

Kriminalität

Wie schon beschrieben, ist Paraguay nicht gleich Paraguay - die einzelnen Landesteile unterscheiden sich in mehreren Punkten. Einmal ist die Bevölkerungsdichte in Ostparaguay höher als im Chaco. Damit verbunden ist eine entsprechende Kriminalität. Vor allem an der Grenze zu Brasilien ist diese sehr hoch, die Grenzstadt Ciudad del Este ist sogar als richtiges "Banditennest" bekannt, in dem Autofahrer an der Grenze entlang nie halten dürfen, um nicht eventuell überfallen zu werden. Berüchtigt sind auch die Städte Conception und Pedro Juan Caballero. Ähnlich sieht es bei den, landschaftlich sehr schönen deutschen Siedlungen im Zentrum von Ostparaguay aus.

Abb. 17: Karte Paraguay

In Independencia beispielsweise konnte ein Auswanderer, der schon seit 17 Jahren dort lebt, berichten, daß zeitweise sogar Häuser mit Waffengewalt überfallen wurden. Die Einzäunungen der Häuser in diesem Gebiet, die mehr an den DDR-Grenzstreifen als an ein privates Gelände erinnern, sprechen hier Bände (Bild 1)

Bild 1: Hotel/Restaurant in Independencia

Man sollte sich jedoch durch diese Beispiele nicht zu sehr verunsichern lassen - ist doch die Kriminalität in Europa oder den USA ungleich höher als in Paraguay. Wer jedoch Ruhe sucht und das besonders für eine Krisenzeit, für den scheidet Ostparaguay damit entweder wegen der Bevölkerungsdichte oder/und der steigenden Kriminalität beinahe aus.
Neben der niedrigen Verbrechensrate ist zum Leben selbstverständlich noch das dort herrschende Klima interessant.

Klima

Das Klima ist im allgemeinen im Norden des Landes heiß, aber trocken - also deshalb besser erträglich als in den anderen Landesteilen. Im Süden (Stadt Encarnation) ist die Temperatur etwas niedriger, jedoch die Luftfeuchtigkeit relativ hoch. Anwohner konnten von dort berichten, daß die Wände und der Boden des Hauses während großer Teile des Jahres aufgrund Kondenswassers immer naß waren. In diesem Landesteil regnet es auch häufiger. Klimatisch am erträglichsten wäre sicher das Zentrum von Ostparaguay, um den Ort Independencia oder das hügelige Gelände nach Asuncion in Richtung Osten. Ob einem das Klima in Paraguay, vor allem in der gewünschten Region, zusagt, das kann nur ein längerer Besuch dort zeigen. Wichtig für die Entscheidung, welche Region in Paraguay interessant ist, ist selbstverständlich auch die Infrastruktur.

Infrastruktur

Geht man von der Versorgung mit Wasser und Strom aus, so ist sicher die Hauptstadt Asuncion sowie deren Umgebung gut angeschlossen. Zum Wasser bleibt anzumerken, daß dieses in Asuncion kaum trinkbar ist, da völlig mit Chlor versetzt. Auch das Straßennetz ist hier, wie in ganz Ostparaguay, am besten ausgebaut. Einkaufen kann man beinahe überall und erhältlich ist fast alles, was es in Deutschland auch gibt.
Der Norden verfügt demgegenüber nur in den drei Verwaltungssitzen (Filadelfia, Loma Plata, Neu-Halbstadt) in den Kolonien sowie der Umgebung davon über eine Stromversorgung und Telefonanschluß. Wasser wird im allgemeinen bei Regen über das Dach in Zisternen gesammelt und dann von dort hochgepumpt. Die Abwasserentsorgung geschieht in der

Regel über Sickergruben, in denen das Wasser im Boden verschwindet. Außerhalb von diesen Verwaltungssitzen versorgen sich die Bewohner über Dieselgeneratoren oder Solarzellen mit Strom. Für Telefonieren ist über das sich schnell entwickelnde Handy-Netz gesorgt. Sogar Internet ist von dort möglich, mit akzeptabler Datenrate - über Richtfunkantennen zu einer Zentrale in den Verwaltungssitzen. Die Straßen sind nur teilweise asphaltiert. Hierzu gehört die Trans Chaco Routa von Asuncion nach Filadelfia und einige Straßen in den Verwaltungssitzen. Der Rest besteht aus Sandpisten, die mit Schlaglöchern durchsetzt, - aber überraschenderweise gut befahrbar sind. Einkaufen kann man dort ebenso wie in Deutschland auch - nur daß man eventuell 40 oder 50 km in die Verwaltungszentren fahren muß und der Supermarkt nicht um die Ecke liegt.
Ganz anders sieht es noch weiter im Norden aus: Dort hört jede Infrastruktur beinahe auf. Strom-/Wasserversorung, Telefon oder Einkaufsgeschäfte sind unbekannt, und die Straßen bestehen aus Morastwegen, welche nach einem Regenfall nur noch schwer oder gar nicht mehr passierbar sind. Die Kommunikation erfolgt dort in der Regel über Kurzwellenfunk.

Welche Region?
Generell sollte man bedenken, daß je besser die Infrastruktur ausgebaut ist, umso höher auch die Bevölkerungsdichte wiederum ist. Umso leichter haben es dann auch "ungebetene" Gäste, zum Domizil vorzudringen. Wer also Vorsorge für eine Krisenzeit treffen oder seine Ruhe haben möchte, tut gut daran, in Regionen zu gehen, die dünn besiedelt und mit entsprechend wenig Infrastruktur belegt sind. Da in solch einem Fall eine autarke Versorgung angestrebt wird, ist es sogar von Vorteil, wenn das Haus mit eigenem Strom und eigenem Wasser schon zu Normalzeiten versorgt wird. Wenn dann eine Krise kommt, werden die dortigen Bewohner kaum davon betroffen, da sie auf Eigenständigkeit eingerichtet sind. Mit heutiger Technik, wie beispielsweise einer Solaranlage, läßt sich nahezu der gleiche Komfort erreichen wie mit einem normalen Stromanschluß. Wenn zudem noch Telefonieren über Handy und sogar Internet per Richtfunk möglich ist, sollte es an kaum

etwas mangeln. Hier bieten sich als Kompromißlösung die Umgebung der deutschen Kolonien im Norden des Landes an: Man kann alles kaufen, es wird deutsch gesprochen, und man hat die Möglichkeit für Telefon oder Internet per Funk. In den Kolonien selber können nur einheimische Mennoniten Grund erwerben. Bodenkauf durch Einwanderer ist nur in der Umgebung möglich. Allerdings bilden die Mennoniten auch wieder eine recht geschlossene Gesellschaft, in der ein Fremder nicht so ohne weiteres akzeptiert wird.
Noch mehr abgeschnitten ist man ganz im Norden, zur bolivianischen Grenze zu. Dies ist wirklich nur für Leute zu empfehlen, die absolute Abgeschiedenheit suchen und völlig autark leben möchten. Vorteil hier: Die Grundstückspreise sind sehr niedrig.
Zu empfehlen ist es generell, Grundstücke so zu kaufen, daß man von Europäern als Nachbarn umgeben ist, um nicht in Mentalitätskonflikte mit den Paraguayern zu geraten. Folgend nun ein Kalkulationsbeispiel, was ein zweites Standbein mit recht komfortabler Ausstattung in Paraguay bei heutigen Preisen (Mitte 2002) kosten würde. Die Berechnung ist mit einem Sicherheitszuschlag, also immer mit den höchsten zu erwartenden Preisen gerechnet:

Kosten für Aufenthaltsgenehmigung	600 Euro
Gutes gebrauchtes Auto	10.000 Euro
Grundstück 90 ha im Chaco	20.000 Euro
Steuern, Gebühren	1.500 Euro
Hausbau (70 m2 Wohnfläche incl. Anschlüsse etc.)	25.000 Euro
Solaranlage, Stromgenerator	8.000 Euro
Wohnungseinrichtung	5.000 Euro
Summe ca.	*70.000 Euro*

Tabelle 4: Kosten für ein zweites Standbein in Paraguay

Die Kosten sind dabei noch eher zu hoch gegriffen. Für 70.000 Euro bekommt man dort ein riesiges Grundstück mit einem luxuriös eingerichteten Haus, samt autarker Energie- und Wasserversorgung und allem Zubehör zum Leben. Um einen

gleichen Lebensstandard in Deutschland zu erreichen müßte mindestens der zehnfache Betrag investiert werden. Im Kapitel "praktische Tips und Beispiele" sind zudem noch einige Möglichkeiten angesprochen, um die Investitionskosten noch erheblich weiter abzusenken. So könnte beispielsweise ein günstigeres Auto verwendet werden, das Haus etwas bescheidener gebaut werden und die Energieversorgung sowie Wohnungseinrichtung auf ein Minimum reduziert werden. Damit ließen sich etwa 25.000 - 30.000 Euro einsparen. Es ist also tatsächlich in solchen Auswanderungsländern die Möglichkeit gegeben, mit relativ wenig Geld dort eine angenehme Existenz aufzubauen.
Um einen Vergleich zu haben, ist es interessant, sich auch noch andere Länder anzusehen. Folgend nun eine Beschreibung zweier weiterer Ziele. Da diese beiden Länder bekannte Urlaubsregionen darstellen und deshalb darüber eine Vielzahl von Literatur verfügbar ist, hier nur eine Kurzbeschreibung der Vor- und Nachteile. Für ein Domizil im Ausland sind vor allem die Kanarischen Inseln, insbesondere Teneriffa beliebt.

Kanarische Inseln

Die Kanaren gehören politisch zu Spanien und damit zum EU-Raum. Geographisch liegen die Inseln nur etwa 300 km (Teneriffa) von Marokko auf dem afrikanischen Festland entfernt. Die Inseln sind vulkanischen Ursprungs.

Vorteile:

- leichte Möglichkeit der Einwanderung
- Rechtssicherheit des Eigentums
- politische und wirtschaftliche Stabilität
- deutschfreundliche Bevölkerung/Deutsche im Land
- individuell als angenehm empfundenes Klima
- gute Infrastruktur (Straßen, Strom-/Wasserversorgung, Telefon, Internet...)
- keine Atomkraftwerke/Industrieanlagen

Nachteile:

- hohe Bevölkerungsdichte
- militärische Gefährdung
- Gefahr von Naturkatastrophen

Abb 18: Lage von Teneriffa/kanarischen Inseln

Die größte Insel der Kanaren ist **Teneriffa**.
Da die Insel zu Spanien gehört, ist die Einwanderung für EU-Bürger entsprechend einfach. Diese können sich dort unbegrenzt ohne besondere Aufenthaltserlaubnis aufhalten und auch Eigentum erwerben. Die Rechtssicherheit des Eigentums entspricht dem EU-Standard. Ebenso ist die wirtschaftliche und politische Stabilität mit der EU verbunden. Weiterer Vorteil ist auch, daß die Insel im Zollrecht eine Ausnahmesituation einnimmt und beispielsweise Benzin wesentlich billiger ist als auf dem europäischen Festland. Da schon viele Deutsche die Insel bevölkern und die Insel zudem politisch zu Europa gehört, ist die Umgebung entsprechend deutschfreundlich eingestellt. Ein großer Vorteil insbesondere von Teneriffa liegt darin, daß die Insel ein sehr ausgeglichenes Klima hat. Im Sommer wird die Hitze durch das umgebende Meer gemildert, im Winter die Kälte ebenso verhindert. Gleichfalls besteht die Möglichkeit, die angenehmste Temperatur durch Variation der Höhe zu finden. Man kann sich sowohl am Meer aufhalten, als auch auf bis zu 3700m auf den Teide aufsteigen. Die Infrastruktur ist nach europäischem Standard gut ausgebaut. Atom-

kraftwerke und Industrieanlagen befinden sich nicht in nächster Nähe.
Die Nachteile sind allerdings auch nicht zu vernachlässigen: Teneriffa ist mit über 600.000 Menschen bevölkert. Da nur ein Teil der Fläche überhaupt bewohnbar ist (Vulkan) ergibt sich eine doch recht hohe Bevölkerungsdichte. Außerdem ist die Insel zur Versorgung sehr von der Zulieferung vom Festland abhängig. Die eigenständige Landwirtschaft wird mehr und mehr zugunsten des zunehmenden Massentourismus aufgegeben. Ein sehr gewichtiger Nachteil stellt die militärische Gefährdung dar. Da sich die Insel mehr als 1000 km vom europäischen Festland entfernt befindet, gehört diese geographisch gesehen eigentlich gar nicht mehr zu Europa. Die Gefahr besteht, daß die afrikanischen, moslemischen Länder (vor allem Marokko) eines Tages die Insel besetzen könnten. Diese Gefahr wurde deutlich, als Marokko im Juli 2002 eine kleine spanische Insel vor seiner Küste einnahm und zu seinem Staatsterritorium erklärte. Sollte sich, wie zu erwarten, die Spannungen zwischen der westlichen und der moslemischen Welt weiter zuspitzen, dann besteht die Gefahr, daß die abgelegenen Kanaren schnell unter moslemische Flagge kommen könnten. Dann bestünde die Gefahr, daß man sehr schnell auf dem, von äußerer Versorgung abhängigen, vermeintlich sicheren zweiten Standbein im Ausland in der Falle sitzen. Weiterhin ist Spanien in der Nato engagiert ist und daraus sich allein könnten sich schon Terroranschläge entwickeln. Da Terroristen möglichst viel Aufsehen erreichen wollen, sind die Kanaren geradezu prädestiniert dafür, als Ziel von Anschlägen auserwählt zu werden. Dazu kommt, daß die Insel von einem Vulkan gebildet wird, der noch vor nur 500 Jahren aktiv war - ein geologisch gesehen sehr kleiner Zeitraum. Es ist daher nur eine Frage der Zeit, bis der Vulkan wieder aktiv wird. Gleichfalls ist die Erdbebengefahr entsprechend hoch. Überdies muß beachtet werden, daß die gesamte EU heute einem gewissen Standard unterliegt - im positiven wie im negativen. Sollten sich also Probleme innerhalb der EU ergeben, welche beispielsweise in einem Überwachungsstaat gipfeln, dann wäre man auch auf den Kanaren davon betroffen.

Noch extremer sind die Nachteile bspw. Auf der Nachbarinsel **Lanzarote**. Einmal liegt diese Insel am nächsten zum unsicheren Marokko, zum anderen gibt es dort die wenigsten Niederschläge und nicht einmal Grundwasser. Deshalb ist diese Insel auf Gedeih und Verderb von Zulieferungen abhängig. Experten schätzen, dass nur ein kleiner Bruchteil der jetzigen Bevölkerung dauerhaft überleben könnte, wenn die Transporte ausfallen würden. Auch vulkanisch handelt es sich um die aktivste Region der Kanaren – der letzte sehr massive Vulkanausbruch liegt keine 300 Jahre zurück (geologisch eine sehr kleine Zeitspanne) und dauerte damals drei Jahre.

Demgegenüber ist **Gran Canaria** vulkanisch bedeutend inaktiver – der letzte Ausbruch liegt Jahrtausende zurück. Besonders nachteilig ist hier wiederum die hohe Bevölkerungsdichte und die Konzentration der Wirtschaft auf den Tourismus. Nahezu 70 Prozent der Einwohner sind direkt oder indirekt vom Urlaubsgeschäft abhängig. In einer wirtschaftlichen Krisensituation könnte es dort (gefördert durch die hohe Bevölkerungsdichte) schnell zu massiver Kriminalität und Verbrechen kommen. Ansonsten gilt für Lanzarote und Gran Canaria bezüglich EU-Einbindung, militärische Bedrohung und Terrorgefahr das selbe wie für Teneriffa

Ein anderes beliebtes Land für ein Domizil im Ausland ist Portugal.

Portugal

Portugal befindet sich, angrenzend an Spanien, auf der iberischen Halbinsel (Abb. 19). Portugal ist eines der ärmeren Länder innerhalb der EU.

Vorteile:

- leichte Möglichkeit der Einwanderung
- Rechtssicherheit des Eigentums
- politische und wirtschaftliche Stabilität
- deutschfreundliche Bevölkerung/Deutsche im Land
- gute Infrastruktur (Straßen, Strom-/Wasserversorgung, Telefon, Internet...)

Nachteile:

- Gefahr von Naturkatastrophen
- Atomkraftwerke

Abb. 19: Bevölkerungsverteilung von Portugal

Für Portugal gilt im Prinzip das meiste, was schon über Teneriffa beschrieben wurde. Die Einwanderung ist für EU-Bürger problemlos, ebenso ist das Eigentum wie in der EU garantiert. Die politische und wirtschaftliche Stabilität orientiert sich an der EU. Auch ist das Land an Deutsche gewöhnt. Das Klima unterscheidet sich jedoch etwas von Landesteil zu Landesteil. An der Küste ist die Temperatur etwas stabiler, im Landesinnern entweder heiß oder im Winter auch kalt. Im Norden ist es kühler und regnerischer, im Süden eher heiß und trocken.
Als Nachteile sind zu nennen, daß sich einige spanische Atomkraftwerke in der Nähe zum Land befinden. Die Bevölkerungsdichte ist an den Küsten sehr hoch, im Landesinnern lassen sich jedoch auch relativ dünn besiedelte Regionen finden. Dazu ist Portugal von Naturkatastrophen, besonders Erdbeben, bedroht. Militärisch dürfte das Land eher weniger gefährdet sein. Trotzdem gilt auch hier, daß sich Probleme innerhalb der EU schnell auf Portugal ausweiten werden.
Um nun diese Länder und Regionen vergleichen zu können, ist es ratsam, sich kurze Gedanken über die Verhältnisse in Deutschland zu machen.

Deutschland

Deutschland stellt heute eines der am meisten industrialisierten Länder weltweit dar. Dabei liegt das Land an der Grenze zum ehemaligen Ostblock.

Vorteile:

- Rechtssicherheit des Eigentums
- politische und wirtschaftliche Stabilität
- deutschfreundliche Bevölkerung/Deutsche im Land
- gute Möglichkeit des Geldverdienens
- gute Infrastruktur (Straßen, Strom-/Wasserversorgung, Telefon, Internet...)

Nachteile:

- hohe Grundstückspreise/Lebenshaltungskosten
- hohe Steuern/Abgaben
- oft als unangenehm empfundenes Klima
- hohe Überwachungsinfrastruktur
- große Bevölkerungsdichte
- viele Atomkraftwerke/Industrieanlagen
- eingeschränkte Möglichkeit der Selbstversorgung
- militärische Gefährdung

Als Vorteile sind vor allem die geordneten Verhältnisse zu nennen. Sowohl die Rechtssicherheit des Eigentums als auch eine politische und wirtschaftliche Stabilität zeichnen dieses Land aus. Im Vergleich zu vielen Auswanderungsländern sind die Löhne hier wesentlich höher. Auch die Infrastruktur gehört zu den besten weltweit.

Als wesentliche Nachteile können genannt werden: Die hohen Grundstückspreise machen den Erwerb von Wohneigentum für einen Großteil der Bevölkerung beinahe unmöglich. Dazu kommen sehr hohe Lebenshaltungskosten und hohe Steuern und Abgaben, welche das Einkommen schnell beträchtlich zusammenschmelzen lassen. Das Klima ist (je nach Wohnlage) oft zu kalt und zu naß. Vor allem der lange Winter schränkt die Lebensqualität für viele Bewohner doch deutlich ein. Dazu kommt eine hohe Überwachungsinfrastruktur, welche es erlaubt, die Bürger stark zu kontrollieren. Verbunden damit ist eine Verringerung der Freiheit. Einer der größten Nachteile ist die weltweit gesehen extrem hohe Bevölkerungsdichte, welche das Land sehr empfindlich gegen alle Arten von Störungen werden lassen. Eine hohe Dichte von Atomkraft- und Industrieanlagen bedeutet eine hohe Wahrscheinlichkeit von Unfällen und Terroranschlägen. Die Möglichkeiten zur Selbstversorgung sind allein schon durch die überhöhten Preise und die restriktive Gesetzgebung stark eingeschränkt. Übersehen wird auch oft, daß das Land militärisch in einer weltweiten Krise gefährdet ist. Besonders das militärische Engagement im Ausland fordert Terroranschläge und Übergriffe geradezu heraus.

Zusammenfassung

Ein Beispiel für ein günstiges Auswanderungsland ist Paraguay. Zum einen ist die Einreise oder das Erlangen einer Aufenthaltsgenehmigung sehr einfach, zum anderen erfüllt das Land die meisten Kriterien für eine Krisenzeit. Vor allem ist die Bevölkerungsdichte sehr klein und eine Selbstversorgung ist relativ einfach möglich. Die Grundstückspreise wie auch die Lebenshaltungskosten sind niedrig, weshalb keine übergroßen Investitionskosten anfallen. Aufzupassen ist in jedem Fall jedoch beim Kauf eines Objektes, da hier kräftig betrogen wird. Nachteilig für das Land ist die offene Korruption, das teilweise recht heiße Klima, die mangelnde Arbeitsmoral der Einwohner und die schlechten Straßenverhältnisse. Bei der Auswahl der Region wird es etwas schwieriger. Wer ein Objekt für Krisensicherheit sucht, ist wahrscheinlich im bevölkerungsarmen Norden, im Chaco, am besten aufgehoben - wer mehr Gesellschaft sucht, wird in Ost-Paraguay fündig werden. Zwei andere Regionen, welche oft als zweites Standbein für Europäer benutzt werden, sind Teneriffa und Portugal. Teneriffa hat den großen Vorteil des ausgeglichenen Klimas, jedoch den gravierenden Nachteil, daß es weit abgelegen von Europa ist und unter Umständen einmal militärisch bedroht sein könnte. Dazu kommt die Gefahr von Naturkatastrophen (Vulkanausbruch und Erdbeben) und die große Abhängigkeit

von Zulieferungen vom Festland. Ebenso ist die Bevölkerungsdichte relativ groß. Demgegenüber lassen sich in Portugal im Landesinnern sehr wohl dünn besiedelte Regionen finden. Nachteilig wirken sich hier jedoch die in der Nähe befindlichen spanischen Atomkraftwerke sowie die Erdbebengefahr aus. Sowohl Teneriffa als auch Portugal unterliegen den Einflüssen der EU - im positiven wie auch im negativen Sinne. Deutschland hat demgegenüber einige Vorteile, wie die relativ hohen Löhne, die Rechtssicherheit des Eigentums, die politisch/wirtschaftliche Stabilität und die gute Infrastruktur. Dem stehen jedoch gravierende Nachteile gegenüber, die sich in hohen Grundstückspreisen und Lebenshaltungskosten sowie einer hohen Steuer-/Abgabenlast zeigen. Auch das Klima wird oftmals als unangenehm empfunden. Eine hohe Überwachung der Bevölkerung schränkt die Freiheit ebenso ein wie eine restriktive Gesetzgebung. Eine hohe Bevölkerungsdichte führt zu weitreichenden Problemen, welche noch durch eine Massierung von Atom- und Industrieanlagen verstärkt werden. Die Möglichkeiten zur Selbstversorgung sind stark eingeschränkt, und das Land ist durch Engagements im Ausland militärisch sowie durch Terroranschläge gefährdet.
Nun stellt sich die Frage, wie die genannten Länder und Regionen im Vergleich zu Deutschland zu bewerten sind?

Ländervergleich nach dem Bewertungsschema

Folgend nun eine Bewertung von Deutschland (allgemein) (1.), Nord-Paraguay (2.), Teneriffa (3.) und Portugal (Hinterland) (4.) - nach Sicht und Bewertungsmaßstab des Autors. Dabei wird von einem Krisenszenario ausgegangen, nach dem die Faktoren, bzw. die Rangfolge der Anforderungen verteilt wurden (der Punkt "keine bedeutenden Rohstoffvorkommen" wurde als Einzelpunkt betrachtet).

Anforderungen an das Land	**Noten (1-6)** **1 2 3 4**	**Nr. (1-x)**	**gewichtete Bewertung** **1 2 3 4**
kleine Bevölkerungsdichte	6 1 5 2	20	120 20 100 40
leichte Möglichkeit der Einwanderung	1 3 2 2	8	8 24 16 16
Rechtssicherheit des Eigentums	2 3 2 2	18	36 54 36 36
politische/wirtschaftliche Stabilität	3 4 3 3	12	36 48 36 36
deutschfreundliche Bevölkerung	1 3 2 2	10	10 30 20 20
geringe Überwachungsinfrastruktur	6 2 4 4	17	102 34 68 68
militärische Bedeutungslosigkeit	5 2 5 3	16	80 32 80 48
keine bedeutenden Rohstoffvorkommen	3 2 2 3	9	27 18 18 27
Sicherheit vor Naturkatastrophen	3 2 5 3	15	45 30 75 45
Atomkraftwerke/Industrieanlagen	6 1 1 3	19	114 19 19 57
Möglichkeit der Selbstversorgung	5 2 4 3	14	70 28 56 42
niedrige Grundstücks-/Lebenshaltungskosten	6 1 3 3	13	78 13 39 39
geringes Betrugsrisiko/Kriminalität	2 4 3 3	11	22 44 33 33
individuell empfundenes Klima	4 3 2 3	7	28 21 14 21
Geldverdienst-Möglichkeiten	2 4 5 5	1	2 4 5 5
Niedrige Steuern, Abgaben	6 1 3 3	2	12 2 6 6
Schwierigkeit der neuen Sprache	1 3 3 4	3	3 9 9 12
Ähnlichkeit des Landes zur Heimat	1 4 4 4	4	4 16 16 16
Infrastruktur (Wege, Strom...)	1 4 2 3	5	5 20 10 15
Telefon-, Internet-Anschluss	1 3 3 2	6	6 18 18 12
Bewertungs-Gesamtsumme			808 484 674 594

Deutschland (allgemein) (1.), Nord-Paraguay (2.), Teneriffa (3.) und Portugal (Hinterland) (4.)

In diesem Beispiel wäre nun Deutschland mit Abstand das ungünstigste und Paraguay das beste Land um eine Krise zu überstehen. Weitere Schemata, mit anderen Ausgangsvoraussetzungen finden Sie im Anhang S. 149.

Nach dieser theoretischen Betrachtung und einigen Beispielen zum Vergleich von Ländern untereinander stellt sich die Frage nach praktischen Beispielen.

"Besser auf dem rechten Weg hinken, als festen Schritts abseits zu wandeln."
Augustin

Praktische Beispiele und Tips

Das autarke Haus

Wie ein Leben im Ausland aussehen kann, reicht von ganz einfach, bis zu technisiert oder sogar luxuriös. Die einfache Version hat dabei oftmals den Vorteil, daß sie auch in einer Krisenzeit kaum Einbußen wird hinnehmen müssen und zudem kaum Plünderer oder Kriminelle anzieht. Generell gilt tatsächlich der Grundsatz: Ein System ist umso stabiler, je einfacher es aufgebaut ist. Kaum jemand beachtet heute, daß beispielsweise schon ein NEMP Schlag (Nuklearer Elektromagnetischer Impuls) also die Erzeugung hoher elektromagnetischer Strahlung, beispielsweise durch die Zündung einer Atombombe in großer Höhe durch Terroristen, die Elektronik eines halben Kontinentes völlig lahmlegen kann. Schnell zeigt sich dann, daß "einfache" Mechanik letztlich doch stabiler ist. Selbstverständlich erleichtert die Technik manches, doch zeigt das Beispiel, wie schnell man hereinfallen kann, wenn man nur mit Technik "aussteigt".
Wer mit einer Krise rechnet, kann Technik zur Erleichterung des Alltags nutzen, sich jedoch keinesfalls davon abhängig machen. Hier sind die leider seltenen praktischen Beispiele auf einfacher Basis von großem Nutzen.

Einfaches Aussteigen

Der Vorteil liegt neben der Krisensicherheit noch in der Möglichkeit, mit wenig Geld anfangen zu können.
So hat ein deutscher Aussteiger in Portugal, ohne großen finanziellen Aufwand in einem Gebiet mit niedriger Bevölkerungsdichte, mit seiner Familie und einigen Mithelfern einen autarken Öko-Bauernhof aufgebaut. Die Nahrungserzeugung

(Pflanzenanbau und Tierhaltung) verläuft dabei nahezu autark und in Handarbeit. Maschinen werden nur ausnahmsweise benutzt. Geschlafen wird das ganze Jahr über nicht im Haus, sondern in Schilfgrashütten (Bild 2), der Tages-Rhythmus richtet sich nach der Helligkeits-Dauer. Heizung gibt es keine, allenfalls steht zur Winterzeit ein kleiner Ofen im Haus zur Verfügung. Die Wassergewinnung erfolgt mittels Handpumpe aus einem oberflächennahen Brunnen und die Bewohner erfreuen sich, eigenen Angaben zufolge, auch dank der praktizierten Rohkosternährung, bester Gesundheit. Die Bewohner dort sind voll zufrieden und betrachten ihr Projekt als Alternative zur Kosum-Gesellschaft samt ihren Umwelt- und Gesundheitsschäden. Die Vorteile bei einer eventuellen Krisenzeit sind unübersehbar: Während die Welt durch den Technikverlust zusammenbricht, ändert sich am Leben der Bewohner dort nichts am gewohnten, zufriedenen Lebensalltag - zumindest solange, wie nicht Plünderer die Existenz bedrohen.

Bild 2: Autarker Öko-Bauernhof in Portugal

Was sich zuerst vorteilhaft auswirken wird ist, daß sich diese Lebenswiese ausgesprochen billig darstellt. Im Prinzip würde es reichen, ein Grundstück günstig auf längere Sicht hin zu pachten. Ein weiterer Vorteil liegt darin, daß die Bewohner dort voll mit der Arbeitsweise von Ackerbau und Viehzucht vertraut sind und über jede erdenkliche Erfahrung hierin verfügen, eine autarke Lebensversorgung aufzubauen. Es müssen nicht erst, wie beim technisierten "Aussteiger", mühsam Erfahrungen in einer Krisenzeit gesammelt werden, bis eine autarke Versorgung funktioniert.

Technisiertes "Aussteigen"

Das andere Extrem stellt das "technisierte Aussteigen" dar. Das bedeutet, man bezieht den technischen Fortschritt in die Überlegungen mit ein. Der Vorteil ist das angenehmere Leben, da Zeit für die Beschaffung der Lebensgrundlagen eingespart wird. Nachteilig ist, wie oben beschrieben, daß unter Umständen der Bezug zur Natur und deren Bewirtschaftung fehlt oder verloren geht, was zu einer Zeit, in der es eventuell auf Selbstversorgung ankommt, sehr nachteilig sein könnte. Mildern läßt sich dieser Nachteil durch eine entsprechende Absicherung mit Vorratshaltung. Dazu kommt die Kostensteigerung durch Technik, welche für solch ein Projekt schnell in hohe Dimensionen steigen können.
Wie solch eine Lebensweise aussehen kann, zeigte ein deutscher Auswanderer in einer abgelegenen Gegend in Portugal: Er baute mit technischem Einsatz ein Rundhaus aus Stein und Holz samt kleinem Keller (Bild 3).

Bild 3: Technisiertes Rundhaus

Die Materialien stammten, da in Portugal nicht erhältlich, zum Teil aus Deutschland. Die Stromversorgung wird durch eine große Solarstromanlage sowie einen Windgenerator mit Zwischenspeicherung in großen Bleiakkus sichergestellt. Dadurch läßt sich der gewohnte Komfort, samt Kühlschrank, Satellitenfernsehen, Beleuchtung etc., sicherstellen. Warmes Wasser wird durch Sonnenkollektoren erzeugt. Zusätzlich verfügt man noch über ein automatisches Gewächshaus. Zur Beheizung des sehr gut isolierten Hauses dient ein spezieller Ofen. Insgesamt ist alles durch moderne Regelungselektronik gesteuert. Wasser wird aus einem 70m tiefen Brunnen ebenfalls mittels Solarenergie automatisch gefördert.

Kombinationsmodelle

Die beste Lösung liegt für viele wohl dazwischen. Dabei wird die praktische Realisierung eines autarken Hauses nicht zuletzt durch das vorhandene Finanzkapital bestimmt. Allerdings sollten die eigenen Ansprüche überprüft werden: Es ist nicht unbedingt ein großer, stromfressender Kühlschrank samt Gefriertruhe nötig, häufig lassen sich Lebensmittel ohne Kühlung konservieren. Für die Restkühlung genügt dann eine günstig erhältliche Kühlbox mit guter Isolierung. So kann schon ein großer Teil des Strombedarfs und damit der dafür nötigen teueren Technik eingespart werden. Wenn dann noch statt eines Stromfressers Nummer 1 - dem Elektroherd - ein Gasherd benutzt wird, sinkt der technische Aufwand zur Realisierung des autarken Hauses auf ein Minimum.

Um die Baukosten niedrig zu halten, wurde eine interessante Bauvariante entwickelt: Bauen mit Strohballen (Bild 4). Dabei wird zuerst ein grobes Holzgerüst samt Dach und Fensteraussparungen erstellt. Die Hausmauern werden dann mit Strohballen bis zum Hausgerüst aufgeschichtet. Außen werden die Ballen mit einer dicken Schicht Kalkputz zur Wasserabweisung versehen, innen wird ein Lehmverputz benutzt.

Bild 4: Hausbau mit Strohballen (im Bau)

Die Vorteile liegen klar auf der Hand: Einmal sind die Materialkosten nicht hoch, des weiteren fallen praktisch keine Arbeitskosten an, da alles in Eigenleistung erstellt werden kann, und ein Architekt oder eine komplexe Statikberechnung sind für solch einfache Bauten auch kaum nötig. Zusätzlicher Vorteil: Es entsteht ein optimales Wohnklima, da das Stroh einmal perfekt isoliert und zudem durch Aufnahme oder Abgabe von Wasser die Luftfeuchtigkeit im Innenraum ideal reguliert. Auch der Brandschutz stellt kein Problem dar, da einmal gepreßte Strohballen wegen des Sauerstoffmangels im Inneren kaum brennen und zudem der Verputz ein Durchbrennen verhindert. Eine verputzte Strohwand hielt in Tests beispielsweise über vier Stunden dem Feuer stand; reine Strohballen immerhin noch über ein halbe Stunde. Infos dazu im Internet:

http://www.baubiologie.at
Literatur: Bauen mit Stroh, Oekobuch Verlag 2000, 100 S. 13,20 Euro

Wird nun noch das Haus mit einer kleinen Photovoltaikanlage (kleines Solarpanel mit kleinem Akku und Laderegler) versehen, so lassen sich problemlos niedrig verbrauchende Geräte wie Fernseher, Radio, Beleuchtung, Computer oder Handy betreiben. Wert sollte indes auf einen guten Tiefbrunnen ge-

legt werden, um auch größere Trockenperioden, bzw. Zeiten mit Wasserverschmutzung, überdauern zu können.
Für solch eine Lebensweise, bei doch ausreichendem Komfort, ist kein großer Geldbeutel nötig, sondern nur ein billiges Grundstück in einem toleranten Land mit warmem Klima. Man sieht: Ein Wohnsitz im Ausland kann auch günstig sein.

Tips und Hinweise

Krankenversicherung im Ausland

Wer einige Zeit im Ausland verbringt, der versichert sich am besten bei einer privaten Auslandskrankenversicherung, die bis zu acht zusammenhängende Wochen für nur ca. 8 Euro bei einjähriger Gültigkeit zu bekommen ist. Wenn der Aufenthalt beim zweiten Wohnsitz länger sein soll, kann man sich täglich versichern, was immer noch viel billiger kommt, als die überteuerte deutsche Krankenversicherung. Wer privat versichert ist, setzt für den Aufenthalt im Ausland seine Beiträge durch Aufnahme einer "kleinen Anwartschaft" aus. So spart er die teuren deutschen Beiträge während des Auslandsaufenthaltes und kommt nach der Rückkehr wieder problemlos in die Krankenversicherung zurück. Wer ganz zu seinem zweiten Standbein wechselt, nutzt am besten anfangs solange wie möglich (meist ein Jahr, bei manchen Anbietern auch mehr) eine Auslandskrankenversicherung in Deutschland, danach eine Krankenversicherung im Auswanderungsland. Am günstigsten ist es für den, der zwischen Deutschland und dem Auslandswohnsitz hin und her wechselt, da dann immer (während des Auslandsaufenthaltes) die billige Auslandskrankenversicherung gilt.

Erbrecht/Eherecht im Ausland

Auch das jeweilige Erbrecht im Ausland sollten Sie beachten. So bekommen beispielsweise in Frankreich die Kinder des

Verstorbenen den gesamten Besitz, und der Ehepartner geht leer aus - wenn nicht vorher beim Notar ein korrektes Testament hinterlegt wurde.
Gleiches gilt für das Eherecht. So teilen Sie beispielsweise in manchen Ländern Lateinamerikas Ihren gesamten Besitz mit Ihrem Ehepartner, wenn Sie nicht in dem Land bei einem Richter einen entsprechenden Vertrag abschließen. Sie können sonst, ohne Einwilligung Ihres Ehepartners beispielsweise nicht mehr Ihren Besitz verkaufen.
Die Bestimmungen sind von Land zu Land unterschiedlich. Meist gilt, daß sowohl im Erbrecht als auch im Ehe-/Scheidungsrecht das Recht des Landes gilt, in dem der Besitz sich befindet. Auch eine Eheschließung mit Einheimischen an sich kann große Probleme mit sich bringen. In diesen Ländern sind meist die Familienbande sehr stark, weswegen der Ehepartner in der Regel immer eher zu den Verwandten halten wird als zu Ihnen. Das kann unter Umständen fatale Folgen haben, dann nämlich, wenn sich die Familie zum Ziel gesetzt hat, Sie "auszunehmen".

Objektüberwachung bei Abwesenheit

Vor allem dann, wenn es sich um eine Einzel-Aktion handelt und das Objekt als Domizil im Ausland gilt - also nur zeitweise bewohnt ist - muß unbedingt die Frage geklärt werden, wer das Haus während Ihrer Abwesenheit überwacht. Nicht selten ist es schon passiert, daß das Haus im Ausland bei der Wiederkehr ausgeraubt, zerstört, oder gar besetzt war. Aus diesem Grund ist es von entscheidender Bedeutung, daß Sie sich in der Nähe zuverlässiger, deutschfreundlicher Nachbarn - am besten Deutscher - niederlassen. Diese können sich dann gegenseitig helfen und bei Nicht-Anwesenheit die Objekte im Auge behalten. Als Alternative kann auch ein (günstiger) Hausverwalter engagiert werden. Unbedingt muß bei ihm jedoch sichergestellt sein, wo er, sowie ein Teil seiner Familienangehörigen wohnt, damit er sich nicht mit Ihrem Hab und Gut aus dem Staub machen kann. Wertsachen sollten ohnehin nie offen im Haus deponiert sein, sondern versteckt oder im Safe einer Bank aufbewahrt werden. Bei einigen Leuten mit zweiten Standbein im Ausland hat es sich bewährt, den einheimischen Hausverwalter direkt auf dem Grundstück kostenlos wohnen zu lassen, da er dann am stärksten motiviert ist, seine Aufgabe auch zuverlässig wahrzunehmen.

- Zuverlässige Nachbarn sind unbedingt nötig - gegenseitige Kontrolle der Objekte.
- Hausverwalter als Alternative

Objektüberwachung in Europa

Genauso wichtig wie die Objektüberwachung im Ausland ist dieselbe in der alten Heimat. Hier stellt sich ebenfalls die Frage, wer Ihre Wohnung betreut, wer Ihren Schriftwechsel erledigt usw. Es sollte zumindest eine vertrauenswürdige Person da sein, welche die Post kontrolliert und Ihnen per Email oder Fax wichtige Dokumente zukommen läßt, damit Sie aus der Ferne beispielsweise auf Behördenmeldungen reagieren können, bevor wichtige Fristen abgelaufen sind. Glücklicherweise läßt sich heute dank der modernen Telekommunikation, fast alles auch aus der Ferne mittels Telefon, Fax oder Internet erledigen. Dabei ist es heute kein Problem mehr, etwa eine Überweisung zu tätigen oder mit Behörden zu kommunizieren. Sogar Faxe oder SMS lassen sich kostenlos aus der Ferne innerhalb Deutschlands empfangen und versenden, nötig ist nur ein. Sie brauchen dann nur noch jemanden, der Ihnen die eingegangenen Briefe auf Ihre Internet-Fax Nummer sendet, damit Sie diese abrufen können.
Damit die Wohnung während Ihrer Abwesenheit nicht leersteht und unnötig Geld kostet, gibt es inzwischen sogenannte "Mietwohnzentralen" (Anschriften im Anhang S. 149), welche Ihre Wohnung während Ihrer Abwesenheit an Interessierte weitervermieten. Da die Nachfrage nach solchen Wohnungen auf Zeit inzwischen sehr groß ist, haben Sie, vor allem in Städten, kaum Probleme, diese für einige Zeit weiterzuvermieten, und können nach Ihrer Rückkehr wieder normal dort wohnen. Dabei wird von der Mietwohnzentrale auch geklärt,

ob der Zwischenmieter die Wohnung in ordnungsgemäßem Zustand wieder ans Sie zurückgibt.

- Eine zuverlässige Person in der alten Heimat ist nötig.
- Internetanschluß im Ausland ist hilfreich.
- Mietwohnzentralen vermieten Wohnung in Europa weiter.

Aufenthaltsgenehmigung und Verkehrsverbindungen

In jedem Fall ist es ratsam, sich eine dauerhafte Aufenthaltsgenehmigung für das Land zu besorgen - auch wenn Sie sich nur zeitweise dort aufhalten. In einer Krisenzeit wäre es sonst denkbar, daß Sie als Tourist dort nicht mehr einreisen dürfen, was mit einer Aufenthaltsgenehmigung noch möglich ist. Generell werden Auswanderungsländer in Krisenzeiten dazu tendieren, die Grenzen dicht zu machen, um nicht noch Probleme von außen herein zu holen . Auch muß vorher ein Plan erstellt werden, wie Sie zu Ihrem Objekt kommen, wenn keine Flüge mehr gehen sollten. Die Terroranschläge vom 11. September 2001 in New York haben deutlich gezeigt, daß der Flugverkehr sehr sensibel auf alle Arten von Anschlägen oder Krisen reagiert. Schnell könnte dann das heute so dichte weltweite Flugnetz ausgedünnt sein. Zum anderen kämpfen die meisten Airlines weltweit mit roten Zahlen und sind überschuldet. Dann könnten schon einige Ausfälle genügen, um die Unternehmen zum Bankrott zu zwingen. In einer allgemeinen Krisenzeit hätten dann auch die Staaten kein Geld mehr, um wie in der Vergangenheit die Luftgesellschaften zu stützen. Die Konsequenz wäre wieder ein plötzlicher Stillstand des Luftverkehrs.
Schiffverbindungen sind demgegenüber wesentlich krisenfester. Stellen Sie deshalb bereits zu normalen Zeiten Anschriften von Schiffsunternehmen zusammen, die in die gewünschte Region fahren. Zu beachten sind nicht nur Passagierfahrten, sondern vor allem auch Containerschiffe, welche oftmals auch Passagiere an Bord nehmen.

Am sichersten für eine Auswanderung ist selbstverständlich eine Landverbindung, da Sie dann mit dem Auto dorthin reisen können.

- Liste von Schiffsverbindungen erstellen (Passagier- und Containerschiffe)

Zusammenfassung

Entgegen einer verbreiteten Auffassung muß ein zweites Standbein im Ausland nicht teuer sein. Alles hängt letztlich von den Ansprüchen ab. Wer sich mit einem einfachen Haus ohne Luxus zufrieden gibt, kann schon mit wenig Geld einsteigen. Wer jedoch das volltechnisierte Heim erwartet, muß entsprechend tiefer in die Tasche langen. Häufig läßt sich jedoch mit ein bißchen Überlegung ein sinnvoller Kompromiß zwischen diesen beiden Extremen erreichen. So lassen sich der Energieverbrauch und damit die Herstellungskosten ebenso reduzieren, wie die Gelder für den Hausbau. Eine interessante Alternative bietet hier beispielsweise ein Haus aus Strohballen, das mit wenig Geld und Arbeitskraft erstellt werden kann. Im Ausland läßt sich mit einer Auslandsreiseversicherung beträchtlich Kosten sparen. Einen besonderen Stellenwert nimmt die Überwachung des Objektes bei Abwesenheit ein. Das gleiche gilt für den Wohnsitz in der alten Heimat sowie den Schriftwechsel mit Behörden während Ihrer Abwesenheit. Alles muß gründlich geklärt werden, um unliebsame Überraschungen zu vermeiden. Auch Rechtsfragen, wie das Erbschafts- und Eherecht im Zielland, sollten Beachtung finden. Wichtig ist auch, eine dauerhafte Aufenthaltsgenehmigung zu erhalten, da anderenfalls im Krisenfall unter Umständen eine einfache Einreise nicht mehr gesichert ist. Genauso sieht es für die Transportmöglichkeiten zum Domizil im Ausland aus, da der internationale Flugverkehr sehr schnell zusammenbrechen könnte.

"Mit einigem Geschick kann man sich aus den Steinen, die einem in den Weg gelegt werden, eine Treppe bauen."
Robert Lembke

Zusammenfassung und Schlußfolgerungen

Die Gründe für das Auswandern aus Mitteleuropa sind heute vielfältig und reichen vom besseren Gelderwerb über das Sparen von Steuern bis zum zweiten Standbein im Ausland als Schutz vor einer Krisensituation. Tatsächlich drängt die Entwicklung in den Industriestaaten beinahe dazu so zu reagieren: Einmal wächst die Unzufriedenheit, weil die Bedingungen am Arbeitsplatz zunehmend schwieriger werden. Während der Druck dort zunimmt, sinken die Löhne und gleichzeitig die Chancen wieder einen entsprechenden Arbeitsplatz zu bekommen, sollte man die jetzige Stelle verlieren. Zusätzlich explodiert förmlich die Steuer- und Abgabenlast, was den Verdienst noch mehr zusammenschmelzen läßt. Die Entwicklung wird sich in den nächsten Jahren noch weiter verschärfen und sogar beschleunigen. Zusätzlich verschlimmert der Staat die Situation weiter, indem durch immer neue Gesetze und Auflagen die Eigeninitiative erstickt wird. Die Freiheit geht dabei verloren, und das Leben wird immer weniger lebenswert. Weiter sinkt auch die allgemeine Lebensqualität, allein schon dadurch, weil die Gesundheit zunehmend durch schlechte Nahrungsmittel und Elektrosmog beeinträchtigt wird. Eine hohe Bevölkerungsdichte in Mitteleuropa durch unkontrollierten Zustrom von Menschen aus dem Ausland führt zu einer regelrechten Überfremdung. Das Gesamtsystem wird durch diese Faktoren schon erheblich destabilisiert. Die Abhängigkeiten von Technik und Transporten sind in den Industrieländern inzwischen schon so groß, daß bereits eine kleine Krise beispielsweise die Versorgung mit Nahrungsmitteln unterbrechen könnte. Noch schlimmer würde es kommen, wenn die für die Zukunft erwarteten Terroranschläge überhand nehmen. Terroristen könnten mit relativ kleinen Mitteln, etwa durch gezielte Computerangriffe, das Leben in ganzen Kontinenten stillegen. Mit dem Terroranschlag in New York im Jahr

2001 ist die Welt in ein neues Kriegszeitalter eingetreten. Der "Kampf gegen den Terror" wird zwangsläufig zu entsprechenden Gegenreaktionen führen. Die Sicherheit in den beteiligten Staaten muß darunter leiden. Im gleichen Atemzug versuchen heute die Verantwortlichen einen Überwachungsstaat zu etablieren, in dem die Freiheiten immer mehr eingeschränkt werden. Meist übersehen wird auch die Labilität des vorherrschenden Finanzsystems, in welchem die Schulden viel schneller steigen als die zugrundeliegende reale Wertschöpfung. Ein Totalbankrott in einem Crash muß dabei die logische Folge sein. Solch eine Wirtschaftskrise würde heute zu katastrophalen Bedingungen in Mitteleuropa führen.

Es gibt also eine ganze Reihe von Gründen, welche eine Auswanderung bzw. den Aufbau eines zweiten Wohnsitzes im Ausland nahelegen. Was für viele dagegen spricht, ist häufig die fremde Umgebung, die neue Sprache, das ungewohnte Klima, fehlende Finanzen, oder das eigene starke Engagement in Mitteleuropa. Die Probleme lassen sich jedoch deutlich mildern, wenn nicht gänzlich ausgewandert wird, sondern das Ausland nur als zweites Standbein gilt, das nur zeitweise benutzt wird.

Besonders die Finanzierung ist von großer Bedeutung. Deshalb muß die jetzige Lebensführung bereits auf solch ein Ziel hin angelegt sein. Schulden verbieten sich genauso wie ein verschwenderischer Lebensstil mit unnötigem Luxus. Grundsätzlich erfolgt die Finanzierung in erster Linie über Einkommen aus der alten Heimat, Ersparnisse durch günstige Lebensführung im Zielland, Steuerersparnisse und erst an letzter Stelle durch Einkommen im neuen Land.

An ein Domizil im Ausland sind eine Reihe von Anforderungen zu stellen, welche in ihren Prioritäten davon abhängen, was der einzelne in erster Linie erreichen möchte. Will er mehr Geld verdienen, dann gelten andere Anforderungen, als wenn er Sicherheit sucht. Der einzelne muß sich über die Rangfolge der einzelnen Punkte klar werden und kann dann in einem Bewertungsschema verschiedene Länder nach seinen Anforderungen vergleichen. Ein Vergleich kann zunächst theoretisch erfolgen und wird, wenn das Ergebnis zufriedenstellend ist, durch einen Urlaubsbesuch praktisch angestellt.

Das Beispiel Paraguay zeigt, wie es in einem Auswanderungsland aussehen kann.
Dabei muß ein Domizil im Ausland gar nicht teuer sein. Alles hängt davon ab, wie hoch die Ansprüche sind. Sind diese klein, so läßt sich schon mit relativ wenig Geld viel erreichen. Sind diese hoch, so muß teure Technik beschafft werden.

Wer heute etwas hinter die Kulissen schaut, wird feststellen, daß dort kaum noch einer unserer Entscheidungsträger an einen wirklichen Aufschwung in den Industriestaaten glaubt. Vielmehr sind die reichen Familien schon seit einiger Zeit alle in Auswanderungsländern anzutreffen und haben ihr zweites Standbein für den Krisenfall bereits aufgebaut.
Alles in allem kann jedem nur empfohlen werden, sich mit einem Auslandsdomizil zu beschäftigen. Viele, vor allem qualifizierte, intelligente Leute unternehmen jedes Jahr diesen Schritt. Kaum einer von denen bereut die Entscheidung. Die meisten sagen im Gegenteil, daß sie erst im Ausland wieder erfahren haben, was eigentlich "Freiheit" bedeutet. Nicht zuletzt die Tatsache, daß sich Mitteleuropa eindeutig auf einem immer steileren Abwärtstrend befindet, legt solche Gedanken nahe. Wie heißt es im Sprichwort? "Den letzten beißen die Hunde!".

Anhang:

A)Leitfaden zur Vermögenssicherung

Zu beziehen für fünf Euro (inkl. Versand und Bearbeitung):
Gesellschaft für Finanzinformation und Vermögensschutz
Postfach 2143
89011 Ulm
Fax 02561-959500850
Email: info@geldcrash.de
Internet: http://www.geldcrash.de
oder ausführlicher im Buch "Geldcrash - So retten Sie Ihr Vermögen" siehe S. 154.

B) Wichtige Internetadressen und Anschriften

Deutsche Botschaften im Ausland - beim Auswärtigen Amt
http://www.auswaertiges-amt.de/www/de/adressen_html

Ausländische Botschaften in Deutschland - beim Auswärtigen Amt
http://www.auswaertiges-amt.de/www/de/laenderinfos/adressen/index_html

Auswandern allgemein, versch. Länder
http://www.ecm.net/infotainer/auswandern.htm#Auswandern%20allgemein,%20verschiedene%20Länder

allgemeine Infos
http://auswandern-aktuell.de
http://auswandern-heute.de

Erste Anlaufstelle für Auswanderungswillige sollte das Bundesverwaltungsamt Köln sein. Hier erhalten Sie Merkblätter über jedes Zielland:
Bundesverwaltungsamt Köln
Informationsstelle für Auslandstätige und Auswanderer

Telefon: 0221 / 758-0 oder Fax: 0221 / 758 – 1291

Vermittlung von Auslandsjobs
Zentralstelle für Arbeitsvermittlung (ZAV) der Bundesanstalt für Arbeit, Feuerbachstr. 42-46, 60313 Frankfurt; Tel. 069/71110; Fax 7111555

Immobilien
Bellevue - Europas größtes Immobilien-Magazin
Verlagsgruppe Milchstraße/Bellevue Verlag, Hamburg. Monatliche erscheinend für ca. 5 Euro - zu bestellen bei Bellevue-Leserservice, 74168 Neckarsulm; Tel. 07132/959160, Fax 959165.
Immobilien in Deutschland, Europa und weltweit mit nützlichen Tips und Hintergrundberichten.

Anschriften von Mietwohnzentralen zum vorübergehenden Vermieten der Wohnung
im Internet unter http://www.mitwohnzentrale.de
sowie unter Verband der Mietwohnzentralen e.V., Bergstr. 67
D-48143 Münster,
Telefon: 0180-5 51 94 45 Fax: 02 51 - 4 84 04 28
Oder
http://www.homecompany.de/
E-Mail: info@homecompany.de

Allgemeine Literatur zu Paraguay: "Mai's Weltführer 11 - Paraguay", Hans-Walter Kopczinski, ISBN 3-87936-240-8, 25 Euro

C) Länder mit Doppelbesteuerungsabkommen zu Deutschland

Wenn zwischen dem Auswanderungsland und Deutschland ein Doppelbesteuerungsabkommen gilt, dann ist der Auswanderer, der mindestens 183 Tage im Jahr beim zweiten Standbein verweilt, nur im Zielland steuerpflichtig. Da in vielen Auswanderungsländern erheblich geringere Steuern erhoben werden, zudem oft noch Einkünfte aus Deutschland völlig steuerfrei sind, macht sich schon ein nur teilweiser Aufenthalt im Ausland spürbar bemerkbar. Im Einzelfall sollte immer das konkrete Doppelbesteuerungsabkommen durchgesehen werden. Folgende Länder hatten im Jahr 2000 ein volles Doppelbesteuerungsabkommen mit Deutschland: Ägypten, Argentinien, Australien, Bangladesch, Belgien, Bolivien, Bulgarien, Dänemark, Ecuador, Elfenbeinküste, Finnland, Frankreich, Griechenland, Großbritannien, Indien, Indonesien, Iran, Irland, Island, Israel, Italien, Jamaika, Japan, Kanada, Kasachstan, Kenia, Korea, Kuweit, Lettland, Liberia, Litauen, Luxemburg, Malaisia, Malta, Marokko, Mauritius, Mexiko, Mongolei, Namibia, Neuseeland, Niederlande, Norwegen, Österreich, Pakistan, Papua-Neuguinea, die Phillipinen, Polen, Portugal, Rumänien, Rußland, Sambia, Schweden, Schweiz, Simbabwe, Singapur, Spanien, Sri Lanka, Südafrika, Thailand, Trinidad, Tschechoslowakei, Tunesien, Türkei, die UdSSR, Ukraine, Ungarn, Uruguay, die USA, Vereinigte Arabische Emirate, Vietnam, Zypern

D) Schemata für verschiedene Szenarien

Folgend nun die Faktorenverteilung, bzw. Rangfolge der Anforderungen, unter Annahme gewohnt stabiler politischer und wirtschaftlicher Verhältnisse. Verglichen werden wieder Deutschland, Nord-Paraguay, Teneriffa und Portugal. In diesem Szenario sucht man ein Land, in dem sich gut Geld verdienen läßt, bei möglichst geringen Steuern und Abgaben. Die vergebenen Noten, bzw. Beurteilungen bleiben selbstverständlich gleich, nur die Rangfolge für die Anforderungen verschiebt sich:

Anforderungen an das Land	**Noten (1-6) 1 2 3 4**	**Nr. (1 - x)**	**gewichtete Bewertung 1 2 3 4**
kleine Bevölkerungsdichte	6 1 5 2	1	6 1 5 2
leichte Möglichkeit der Einwanderung	1 3 2 2	17	17 51 34 34
Rechtssicherheit des Eigentums	2 3 2 2	16	32 48 32 32
politische/wirtschaftliche Stabilität	3 4 3 3	18	54 72 54 54
deutschfreundliche Bevölkerung	1 3 2 2	13	13 39 26 26
geringe Überwachungsinfrastruktur	6 2 4 4	3	18 6 12 12
militärische Bedeutungslosigkeit	5 2 5 3	5	25 10 25 15
keine bedeutenden Rohstoffvorkommen	3 2 2 3	6	18 12 12 18
Sicherheit vor Naturkatastrophen	3 2 5 3	7	21 14 35 21
Atomkraftwerke/Industrieanlagen	6 1 1 3	2	12 2 2 6
Möglichkeit der Selbstversorgung	5 2 4 3	4	20 8 16 12
niedrige Grundstücks- und Lebenshaltungskosten	6 1 3 3	8	48 8 24 24
geringes Betrugsrisiko/Kriminalität	2 4 3 3	14	28 56 42 42
individuell empfundenes Klima	4 3 2 3	9	36 27 18 27
Geldverdienst-Möglichkeiten	2 4 5 5	20	40 80 100 100
Niedrige Steuern, Abgaben	6 1 3 3	19	114 19 57 57
Schwierigkeit der neuen Sprache	1 3 3 4	15	15 45 45 60
Ähnlichkeit des Landes zur Heimat	1 4 4 4	10	10 40 40 40
Infrastruktur (Wege, Strom, Wasser)	1 4 2 3	12	12 48 24 36
Telefon-, Internet-Anschluss	1 3 3 2	11	11 33 33 22
Bewertungs-Gesamtsumme			550 619 636 640

Deutschland (allgemein) (1.), Nord-Paraguay (2.), Teneriffa (3.) und Portugal (Hinterland) (4.)

Wenn es ums Geldverdienen geht, dann ist hier Deutschland am besten geeignet, wobei die Unterschiede zu den anderen Ländern längst nicht so groß sind wie im vorherigen Szenario.

E) Liste nützliche Reiseausstattung

Reisepass: Möglichst zwei Reispässe mit mindestens sechs Monaten Gültigkeit, wenn einer verloren geht oder beschlagnahmt wird

Personalausweis: Gutes Dokument zur Identifizierung, damit der Pass nicht beschlagnahmt wird oder gegenüber nicht legitimierten Bewaffneten oder Zivilisten

Impfpass: Mit allen Standardimpfungen.
Notfallausweis: Mit Blutgruppe und Hinweisen auf Medikamente und Allergien und Kontaktadressen für den Notfall.

Kopien: Alle Dokumente, einschließlich Flugticket sollten mehrfach kopiert werden und bei der Reise mitgeführt werden. Dazu noch jeweils eine Kopie für jeden Reisebegleiter im Team. Zusätzlich sollten die Kopien auch zugänglich für Angehörige in der Heimat deponiert werden.

Listen, Passbilder: Auflistung der gesamten mitgeführten Geräte, mit Produktionsnummer etc., dazu mindestens zehn Passbilder für verschiedene Verwendung.
Briefpapier: Mindestens zehn Bogen mit offiziellem Briefkopf, dazu mindestens zehn Passbilder.
Stempel, Visitenkarten: Privater Reisestempel im Miniformat, da in vielen Ländern eine „Stempelgläubigkeit" herrscht. Gleiches gilt für Visitenkarten, die möglichst in Englisch abgefasst sein sollten.

Aufkleber: Persönlicher Aufkleber, um Eigentum zu markieren. Hilft beim Einchecken und bei der Gepäckabholung.
Schlösser: Zahlenschlösser für das gesamte Gepäck mit jeweils dem gleichen Zahlencode.

Radio: Kurzwellen-Weltempfänger zum hören internationaler Nachrichten.

Werbeartikel: Kugelschreiber, Mützen, Aufkleber etc., schafft schnell Freundschaften.
Kleidung: Nie militärisch anmutende oder teure oder so aussehende Kleidung. Immer die billigste Uhr.

Geld: Genügend Geld einplanen. Teilweise bar mitnehmen in den richtigen, vor Ort gebräuchlichen Währungen. Deklarierungsvorschriften für Bargeld bei der Einreise beachten. Genügend Geldkarten zur Nutzung von Geldautomaten mitnehmen.

Weitere Bücher des Autors

Deflation - die verheimlichte Gefahr
So sichern Sie sich ab und nutzen Chancen

Neuerscheinung! Die nächsten Jahre entscheiden über Ihr Geld. Konzerne und Superreiche bereiten sich seit langem auf eine Deflation vor, weil sie wissen: Große Vermögen werden in Krisenzeiten gemacht. Dies bedeutet für Sie ein radikales Umdenken bei Ihrer Zukunftsplanung. Wer heute klug handelt, hat die Möglichkeit, das Schlimmste für sich verhindern. Aber nicht nur das. Er kann auch statt Krisenopfer ein Krisengewinner werden. Krise heißt immer auch Chance. Und solche Chancen wie heute und in näherer Zukunft bieten sich in der Regel nur einmal pro Jahrhundert. Nicht umsonst heißt es: „Wissen ist Macht".

„Deflation – die verheimlichte Gefahr" von Günter Hannich, 160 Seiten, 2. Auflage 2004, ISBN 3-9808522-3-7, 15,90 Euro

Geldcrash - So retten Sie Ihr Vermögen

Wichtige Hinweise, um die kommende Entwicklung abzuschätzen und Gegenmaßnahmen zu ergreifen.
Was wäre, wenn eine Finanzkrise Ihr gesamtes Vermögen entwertet? Den wenigsten ist bewußt, daß ihr Vermögen zunehmend bedroht wird:
Sowohl Währungs- als auch Schuldenkrisen gefährden das Ersparte. Dabei ist auch das laufende Einkommen von steigenden Steuerlasten und einer Umverteilung von der Mittelschicht zu wenigen Superreichen

bedroht. Die kommende Entwicklung kann durch die Kenntnis unseres Geldsystems vorhergesagt werden. Dies ermöglichte es Ihnen, Ihr Vermögen vor Verlusten zu schützen. Der ungünstig investierende Anleger wird vom Zusammenbruch überrascht und verliert seine Sicherheit und Freiheit. Es wird sich zeigen, daß hohe Rendite nicht gleich finanzielle Garantie ist. Dieses Buch zeigt Schwachstellen in Ihrer Vermögensplanung auf und gibt Hinweise, auf was Sie bei der Geldanlage achten müssen.

*Günter Hannich, **Der Geldcrash - Krisenwegweiser**, So retten Sie Ihr Vermögen, 5. Auflage 2004, ISBN 3-9808522-1-0, 160 Seiten mit 6 Karikaturen und 20 Grafiken, kart., 14,8 x 21 cm, 15,90 Euro*

"Krisenwegweiser - Angst vor dem Crash? Die Aktienmärkte streben von Rekord zu Rekord. Aber das war auch 1929 so. ... (Günter Hannich) zeigt in seinem Bändchen mögliche Krisenszenarien auf. Keine Panikmache. Doch etwas Nachdenklichkeit hat bisher den wenigsten Geldanlegern geschadet."
Handelsblatt 28.12.1999

„Der wichtigste Schritt zu einer sicheren Anlage besteht darin, selbst die Verantwortung für sein Eigentum zu übernehmen. "Auf die meisten Experten ist ebenso wenig Verlass wie auf Aussagen von Notenbanken über anstehende Zinssenkungen", sagt Buchautor Günter Hannich ("Geldcrash - So retten Sie Ihr Vermögen")." Die Welt, 16.3.2001

Börsenkrach und Weltwirtschaftskrise Der Weg in den 3. Weltkrieg

Für die meisten Menschen ist unser Geldsystem eine gegebene Größe, über das man sich keine weiteren Gedanken zu machen braucht. Wer jedoch den Funktionsmechanismen auf die Spur kommt, erkennt schnell, dass der Zinskapitalismus auf ständige Expansion angewiesen ist.
Die Umverteilung des Kapitals von Arm

nach Reich geschieht immer schneller. Doch die Finanzblase wird platzen. Wir stehen unmittelbar vor der größten Weltwirtschaftskrise, die Erde je gesehen hat. Sie wird für die meisten zu unbeschreiblicher Armut und Elend führen, am Ende sogar zu einem neuen Weltkrieg. Mit marktschreierischen Untergangsvisionen hat Hannich trotz dieser mehr als beunruhigenden Feststellungen nichts im Sinn. Seine Analysen sind präzise und fundiert. Anhand von Beispielen aus der Geschichte zeigt Hannich, dass es nicht so weit kommen muss. Eine stabile Wirtschafts- und Geldordnung ist möglich!

„Börsenkrach und Weltwirtschaftskrise. Der Weg in den 3. Weltkrieg" von Günter Hannich, 320 Seiten, 2. Auflage 2002, Hardcover, erschienen im Kopp Verlag, ISBN 3-930219-34-4, 19,90 Euro

Sprengstoff Geld

Das Buch gibt Ihnen einen umfassenden Überblick zur Funktion unseres Systems und zeigt Lösungen auf, wie dieses stabilisiert werden kann. Ein historischer Rückblick verdeutlicht die Entwicklung. Arbeitslosigkeit, Umweltzerstörung, Wirtschaftskrisen und die daraus entstehenden Ungerechtigkeiten sind keineswegs Zufall, sondern logische Folgen in der Endphase eines explodierenden Geldsystems. Die Geschichte zeigt deutlich, dass sich eine bessere Ordnung nur dann durchsetzen kann, wenn das alte System an seinen inneren Widerständen zerbrochen ist.

Sprengstoff Geld, Dritte Auflage 2000, 144 S., über zahlr. Grafiken, Karikaturen, erhältlich als pdf Datei bei G. Hannich

Der Euro - die Endlösung für Europa?

Was ist, wenn der Euro Ihr ganzes Vermögen entwertet? Kaum bekannt ist, dass die ungeliebte Einheitswährung keineswegs schon etabliert ist, sondern die kritische Einführungsphase erst noch mit der Beseitigung der nationalen Geldnoten vor uns steht.

Sowohl die politische, als auch die ökonomische Gestaltung des Euros muss zum Scheitern des Projektes führen. In diesem brisanten Buch erfahren Sie die Hintergründe der Euro-Währung - mit Ratgeberteil.

„Der Euro – die Endlösung für Europa?“ von Günter Hannich, zahlreiche Abbildungen, Grafiken und Karikaturen, 2 Auflage 2002, erhältlich nur als pdf-Datei beim Autor

Wer in der Schuld ist, ist nicht frei

Die Verschuldung der Länder, der Unternehmen und der Privathaushalte hat globalen Charakter angenommen. Ganze Nationen stehen unmittelbar vor dem Bankrott, wie die Finanzkrisen in Russland, Japan, Argentinien und in der Türkei gnadenlos zeigen. Aber auch die Unternehmen haben sich, ob groß oder klein, weltweit unter dem Globalisierungsdruck über die Maßen verschuldet. Eine Zeitbombe tickt, die jederzeit explodieren kann. Die nächste Weltwirtschafts- krise hat begonnen.

„Wer in der Schuld ist, ist nicht frei“ von Günter Hannich, Paperback, 190 Seiten, zahlreiche Abbildungen, ISBN 3-930219-41-7, 14,90 Euro

Zeitschrift „Humanwirtschaft"

Der Autor Günter Hannich ist seit Januar 2004 Chefredakteur der Zeitschrift Humanwirtschaft. Dort erfahren Sie zweimonatlich aktuelle Hintergründe und Zusammenhänge zum Finanzsystem. Die ideale Ergänzung zu den Büchern!

48 Seiten, Einzelpreis 5 Euro, jederzeit kündbares Jahresabo 30 Euro

Kostenloses Probeheft: *Stichwort „Bücher – G. Hannich" angeben*; Verlag Humanwirtschaft, Humboldtstraße 108, 90459 Nürnberg; Tel. 0911-4395720; Fax 0911-4395721;
email: info@humanwirtschaft.org
Internet: www.humanwirtschaft.org

Vortragsveranstaltungen des Autors

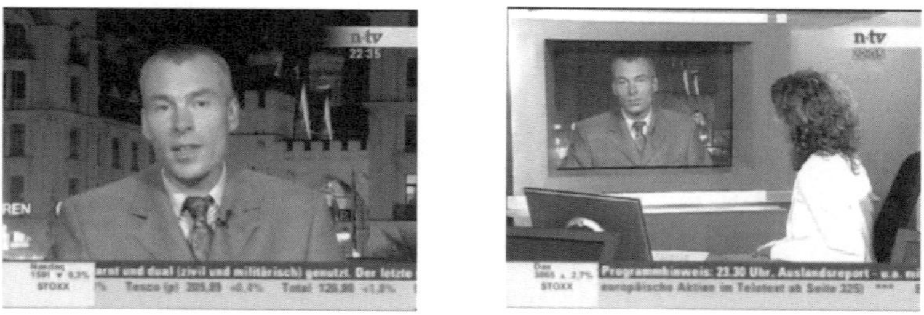

Bild 2: G. Hannich bei n-tv als Deflationsexperte

Die wirtschaftliche Situation wird immer negativer. Der Autor bietet zum Thema Wirtschaft und Geldanlage interessante Vorträge an. Die professionellen, computergestalteten Lichtbilderveranstaltungen zeigen wirtschaftliche Entwicklungen leicht verständlich und anschaulich auf. In den abwechslungsreichen Seminaren werden nicht nur die notwendigen Abwehrmaßnahmen und Verhaltensregelungen auf eine sich abzeichnende Krise gegeben, sondern auch fundiertes Hintergrundwissen zum Finanzsystem vermittelt. Beispielfragen:

- Was ist eine Krise und mit was müssen Sie rechnen?
- Wie reagieren Sie am besten darauf?
- Die Krise als Chance
- Geldanlage und Vermögenssicherung
- Unternehmensstrategien in der Deflation
- Stabiles Geld – neues Finanzsystem gegen den Crash

Daneben steht der Autor in der Diskussion dem Publikum für individuelle Fragen zur Verfügung. Auch für die Medien ist Günter Hannich gern bereit, in Interviews klar Stellung zu beziehen.
Informationen zu den Vorträgen erhalten Sie bei:
Gesellschaft für Finanzinformation und Vermögensschutz
Email: info@kapitalseminare.de
Fax/Telefon (Anrufbeantw.): 02561/959-500-850

Quellenverzeichnis

[1]Die Welt, 25.7.2002

[2]Die Welt, 17.3.2002

[3]Financial Times Deutschland, 3.6.2002

[4]Handelsblatt.com, 14.3.2002

[5]Die Welt, 29.1.2002

[6]Die Welt, 26.2.2002

[7]Die Woche, 24.4.1998

[8]Bund der Steuerzahler, Der Steuerzahler, 6/2001

[9]Die Welt, 13.11.2000

[10]Handelsblatt, 13.10.2000

[11]Augsburger Allgemeine Zeitung, 26.6.1998

[12]Süddeutsche Zeitung, 31.7.2001

[13]Handelsblatt interaktiv, 15.3.2000

[14]Reuters Meldung, 2.2.1999

[15]Neue Solidarität, 17.1.1996
[16]Augsburger Allgemeine Zeitung, 16.10.1998
[17]Die Welt, 17.2.2002
[18]Die Welt, 10.3.2002
[19]Die Welt, 17.3.2002
[20]Die Welt, 3.6.2001
[21]Deutsche Bundesbank, Monatsbericht Dezember 1999
[22]Financial Times Deutschland, 17.5.2002
[23]Financial Times Deutschland, 26.9.01
[24]Handelsblatt.com, 3.10.01
[25]Augsburger Allgemeine Zeitung, 27.9.2001
[26]Die Welt, 29.9.2001
[27]Financial Times Deutschland, 23.10.2001
[28]Die Welt, 29.9.2001
[29]Süddeutsche Zeitung, 16.10.2001
[30]Die Welt, 19.10.2001
[31]Die Welt, 20.10.2001
[32]Die Welt, 25.10.2001
[33]Die Welt, 23.11.2001
[34]Neue Solidarität, 27.6.2001
[35]Süddeutsche Zeitung, 15.11.2001
[36]Welt am Sonntag, 11.11.2001
[37]Die Welt, 26.5.2002
[38]Die Welt, 29.9.1997
[39]Inter Info, 2/2000
[40]Die Welt, 12.2.2000
[41]Forschungen für den Zivil- und Katastrophenschutz 1975-1985, Bundesamt für Zivilschutz Band 18, 1986
[42]Nach dem Atomschlag, Pergamon Press, 1983
[43]dpa Meldung, 17.10.2001